右江电厂标准化系列丛书

右江水力发电厂生产技术管理标准化

主编◎马建新　王　伟

河海大学出版社
·南京·

图书在版编目(CIP)数据

右江水力发电厂生产技术管理标准化 / 马建新，王伟主编. -- 南京：河海大学出版社，2023.12
（右江电厂标准化系列丛书）
ISBN 978-7-5630-8831-7

Ⅰ.①右… Ⅱ.①马…②王… Ⅲ.①水力发电站－生产管理－标准化管理－广西 Ⅳ.①TV737-65

中国国家版本馆 CIP 数据核字（2023）第 256588 号

书　　名	右江水力发电厂生产技术管理标准化
书　　号	ISBN 978-7-5630-8831-7
责任编辑	龚　俊
特约编辑	俞　婧
特约校对	丁寿萍　卞月眉
封面设计	徐娟娟
出版发行	河海大学出版社
地　　址	南京市西康路1号（邮编：210098）
电　　话	（025）83737852（总编室）　（025）83722833（营销部） （025）83787763（编辑室）
经　　销	江苏省新华发行集团有限公司
排　　版	南京布克文化发展有限公司
印　　刷	广东虎彩云印刷有限公司
开　　本	718毫米×1000毫米　1/16
印　　张	13.25
字　　数	234千字
版　　次	2023年12月第1版
印　　次	2023年12月第1次印刷
定　　价	80.00元

丛书编委会

主 任 委 员：肖卫国　袁文传
副主任委员：马建新　汤进为　王　伟
编 委 委 员：梁　锋　刘　春　黄承泉　李　颖　韩永刚
　　　　　　吕油库　邓志坚　李　冲　黄　鸿　赵松鹏
　　　　　　秦志辉　杨　珺　何志慧　胡万玲　李　喆
　　　　　　陈　奕　吴晓华
丛 书 主 审：郑　源

本 册 主 编：马建新　王　伟
副 　主　 编：卢寅伟　赵松鹏　杨　珺
编 写 人 员：胡万玲　卢寅伟　张兴华　崔海军　刘　凯
　　　　　　李兴文　李　健　吴晓华　张铭一　洪　辉
　　　　　　隋成果　韦仁能　覃举宋　罗祖建　唐　力
　　　　　　李　莹　祝秀平　覃　就　杨安东　蒋业宁
　　　　　　廖贤江　林　琪　颜　卓　赖江静　周靖松
　　　　　　黎景宇　周振波　梁文滔　兰黄家　罗羽健
　　　　　　李果佳　韦　文　韦　慧　胡胜传

前言

水电是低碳发电的支柱,为全球提供近六分之一的发电量。近年来,我国水电行业发展迅速,装机规模和自动化、信息化水平显著提升,稳居全球装机规模首位,在国家能源安全战略中占据重要的地位。提升水电站工程管理水平,构建更加科学、规范、先进、高效的现代化管理体系,达到高质量发展是当前水电站管理工作的重中之重。

右江水力发电厂(以下简称电厂)是百色水利枢纽电站的管理部门,厂房内安装4台单机容量为135 MW的水轮发电机组,总装机容量540 MW,设计多年平均发电量16.9亿kW•h。投产以来,电厂充分利用安全性能高、调节能力强、水库库容大等特点,在广西电网乃至南方电网中承担着重要的调峰、调频和事故备用等任务,在郁江流域发挥了调控性龙头水电站作用。

为贯彻新发展理念,实现高质量发展,电厂持续开展设备系统性升级改造工作,设备的可靠性、自动化和智能化水平不断提升,各类设备运行状况优良,主设备完好率、主设备消缺率、开停机成功率等重要指标长期保持100%,平均等效可用系数达93%以上,达到行业领先水平。结合多年实践,在全面总结基础上,电厂编写了标准化管理系统丛书,包括安全管理、生产技术、检修维护和技术培训等四个方面,旨在实现管理过程中复杂问题简单化,简单问题程序化,程序问题固定化,达到全面提升管理水平的目标。

本册为生产技术管理标准化,编写了调度、运行值班、技术质量、技术监督、设备缺陷、可靠性管理、技术培训、设备点检、检修绩点管理等内容,其中,第1~第3章由王伟编撰,第4、第5章由马建新编撰,第6章由卢寅伟、赵松鹏编撰,第7~10章由杨珺编撰,其他同志参加编写,全书由马建新统稿。

由于时间较紧,加上编者经验不足、水平有限,不妥之处在所难免,希望广大读者批评指正。

编 者
2023年9月

目录

第1章　调度管理 001
　1.1　系统调度关系 001
　1.2　事故处理的一般原则 004
　1.3　其他规定 005

第2章　运行值班管理 009
　2.1　ON-CALL组人员职责 009
　2.2　ON-CALL组值班模式 012
　2.3　ON-CALL组工作内容及标准 012
　2.4　纪律与考核 017
　2.5　设备定期试验轮换 020
　2.6　"两票管理" 020
　2.7　电力生产场所环境卫生 022
　附录A　右江水力发电厂ON-CALL组日常巡检工作任务单 023
　附件B　ON-CALL设备缺陷或故障汇总记录表 024
　附件C　工作记录单 025
　附件D　右江水力发电厂ON-CALL组考核总评表 026
　附件E　工作许可单 027

第3章　设备巡回检查管理 028
　3.1　一般要求 028
　3.2　巡检周期 029

3.3　检查内容 ·· 030

第4章　技术质量管理 ·· 042
　　4.1　设备技术改造管理 ·· 042
　　4.2　定值管理 ·· 044
　　4.3　保护、自动化、安全自动装置投（退）管理 ·· 046
　　4.4　技术质量验收管理 ·· 047
　　4.5　技术资料管理 ·· 049
　　4.6　电厂各部门主要职责 ·· 051
　　4.7　技术质量管理的考核 ·· 054
　　4.8　反违章管理 ·· 055
　　附录A　申请单 ·· 060
　　附录B　通知单 ·· 065
　　附录C　设备技术改造表 ·· 070
　　附录D　执行单 ·· 071
　　附录E　流程图 ·· 075
　　附录F　违章行为和表现 ·· 079

第5章　设备缺陷管理 ·· 084
　　5.1　设备缺陷的基本定义 ·· 084
　　5.2　缺陷处理方式 ·· 085
　　5.3　设备缺陷岗位职责 ·· 085
　　5.4　设备缺陷管理任务 ·· 090
　　5.5　设备缺陷的统计和分析 ·· 092
　　5.6　考核与奖惩办法 ·· 092
　　附录A　设备缺陷分类 ·· 095

第6章　技术监督管理 ·· 099
　　6.1　一般要求 ·· 099
　　6.2　技术监督管理的机构和职责 ·· 099
　　6.3　金属技术监督管理 ·· 102
　　6.4　热工技术监督管理 ·· 106
　　6.5　化学技术监督管理 ·· 113

- 6.6 电测技术监督管理 127
- 6.7 绝缘技术监督管理 135
- 6.8 继电保护及安全自动装置技术监督管理 139
- 6.9 励磁系统技术监督管理 146
- 6.10 电压质量技术监督管理 154
- 6.11 环保技术监督管理 159
- 6.12 节能技术监督管理 164
- 6.13 计量技术管理 166
- 附录A 热工技术监督附表 170
- 附录B 励磁系统试验仪器设备及仪表配置最低标准（暂定） 173
- 附录C 发电厂励磁系统监督报表 174
- 附录D 发电机励磁系统技术管理执行机构应具备的技术资料 175
- 附录E 电压幅值月、季报表格式 176
- 附录F 电压质量监督谐波报表 178

第7章 设备可靠性管理 179
- 7.1 设备可靠性管理机构与职责 179
- 7.2 人员要求 180
- 7.3 统计方法 181
- 7.4 考核 181

第8章 技术培训管理 182
- 8.1 培训目标及要求 182
- 8.2 技术岗位组成及岗位技术要求 182
- 8.3 培训机构设置 185
- 8.4 培训管理要求 186
- 8.5 岗位培训内容 186
- 8.6 考核办法 187

第9章 设备点检管理 188
- 9.1 部门及岗位管理职能 188
- 9.2 设备点检管理规定 190
- 9.3 设备点检管理规定及作业流程 191

9.4 考核 …… 193
附录 A 新增点检项目通知单 …… 194
附录 B 点检项目取消通知单 …… 194
附件 C 年度设备点检项目修订表 …… 195

第 10 章 检修绩点管理及考核制度 …… 196

10.1 目的 …… 196
10.2 绩点项目 …… 196
10.3 绩点对象及时限 …… 196
10.4 绩点办法 …… 197
10.5 考核 …… 200
10.6 各部门职责 …… 201

第1章

调度管理

1.1 系统调度关系

1. 电厂由广西电力调度通信中心(简称中调)调度管辖的设备及功能

(1) 220 kV 系统：出线场、高压电缆、GIS 及其保护、220 kV 线路保护及自动重合闸装置；

(2) 110 kV 系统；

(3) 组及出口统：GIS 及其保护、进线高压电缆；

(4) 主变压器：四台主变压器及其保护、中性点接地开关及分接头；

(5) 发电机组：四台发电机断路器；

(6) 安全稳定装置、继电保护信息管理系统(保信子站)、PMU 装置、通信设备等；

(7) 励磁系统的系统稳定器(PSS)；

(8) 调速器系统一次调频功能；

(9) 计算机监控系统远方通道(调度信息专用网)和 AGC、AVC 功能。

(10) 上述所列设备的投入和退出须征得中调当值调度员同意。当这些设备需要进行检修或临检时，须按中调要求进行申请，待中调同意后方可进行。

2. 电厂当班运行值班人员必须严格服从中调当班调度员的命令，做到安全高效地运行。

3. 正常情况下，电厂的计算机监控系统应处于电网控制方式，中调可直接通过设定全厂即时容量和负荷进行控制，当通道出现故障或机组因故要退出网控方式时，要征得中调当班调度员许可。

4. 常用调度术语(表1.1)

表1.1 常用调度术语

序号	调度术语	含义
1	报数:幺、两、三、四、五、六、拐、八、九、洞	1、2、3、4、5、6、7、8、9、0
2	调度管辖	发电设备的出力(计划或备用)运行状态改变和电气设备的运行方式(包括继电保护和安全自动装置的状态)、倒闸操作及事故处理的指挥权限划分。
3	调度许可	设备由下级单位调度,但在改变设备运行状态前(检修申请另行办理),必须报上级值班调度员并取得许可后才能进行。
4	调度同意	值班调度员对下级值班人员提出的申请和要求等予以同意(包括通讯、远动、自动化设备)。
5	调度指令	值班调度员对其调度管辖的设备变更出力计划、备用容量、运行方式、结线方式、继电保护和安全自动装置状态,倒闸操作以及事故处理的指令。
6	直接调度	值班调度员直接向现场运行值班人员(发电厂值长、变电所值班长等)发布调度指令的调度方式。
7	间接调度	值班调度员向下级值班员发布指令后,由下级值班调度员向现场运行值班人员传达指令的方式。
8	委托调度	上级调度管辖的设备,暂时性地委托给下级调度或发电厂值长对指定设备进行调度的方式(涉及对系统有影响者须经上级调度许可)。
9	委托代管	较长时间的委托调度。
10	委托操作	设备调度管辖,仅在操作管理方面由被委托者负责(省调不发布操作任务票)。
11	设备停运或设备检修	在运行或备用中的设备经操作后停止运行及备用,由生产单位做好安全措施转入检修、试验及其他工作。
12	设备复役	生产单位设备检修完毕,具备运行条件,经调度操作后,投入运行或列入备用。
13	设备试运行	新装或检修后的设备移交调度部门启动并加入系统运行,进行必要的试验与检查,且随时可能停止运行。
14	开工时间	检修人员接到设备可以开工的通知时间即为设备检修的开工时间。
15	完工时间	运行人员接到检修人员的设备完工通知的时间,即为设备的完工时间。
16	停役时间	线路及主变等电气设备从各端做好保护接地许可工作算起。
17	复役时间	线路及主变等电气设备为汇报工作结束时间。

续表

序号	调度术语	含 义
18	线路(或变压器)送电多少	线路(或变压器)从母线向外送电计量用"+",向母线送电计量用"-"。
19	有功负荷	指运行电气设备输送的有功功率。(单位 kW 或 MW)
20	有功出力	指运行电气设备输送的有功功率。(单位 kW)
21	力率	力率进相用"-",滞相用"+"。
22	增减有功(或无功)负荷	增加有功(或无功)出力;增加发电机有功(或无功)出力。减少有功(或无功)出力;减少发电机有功(或无功)出力。
23	紧急减荷	(在事故情况下)紧急拉馈线负荷或减少发电机出力。
24	紧急备用	设备存在某些缺陷,或因其他原因处于正常停用状态,只允许在紧急需要时经有关领导批准,作短时期运行。
25	发电机旋转备用容量	全厂并列发电机可发电容量与当时实际发电容量之差。
26	发电机冷备用状态	发电机已停止运行,但随时可以启动加入运行。
27	发电机检修状态	发电机停止运行,已经做好检修措施。
28	发电机失磁	运行中的发电机失去励磁。
29	进相运行	发电机的力率超前运行。
30	滞相运行	发电机的力率滞后运行。
31	发电机空转	发电机已达到额定转速,但未建压,未并网。
32	发电机空载	发电机已达到额定转速并建压正常,但未并网。
33	发电机满载	发电机并入系统且达到额定出力。
34	紧急停机	设备发生异常情况,紧急停止运行。
35	电气设备运行状态	设备的隔离开关和断路器都在合上位置,将电源至受电端间的电路接通(包括电压互感器,避雷器等)。
36	电气设备热备用状态	设备只靠断路器断开而隔离开关仍在合上位置。
37	电气设备冷备用状态	设备的断路器和隔离开关(如结线方式中有的话)都在断开位置。
38	电气设备检修状态	设备的所有断路器和隔离开关均断开,挂好保护接地线或合上接地开关时(并挂好工作牌,装好临时遮拦时),即作为"检修状态"。根据不同的设备又分为"断路器检修"和"线路检修"等。
39	AGC	自动有功/控制
40	AVC	自动电压控制
41	EMS	能量管理系统,即较高级的电网调度自动化系统。

1.2　事故处理的一般原则

1. 当班值长是事故处理的直接领导者,应对事故处理的正确性和迅速性负责。在处理事故时,有权调动全厂所有职工和设备。各级人员接到值长事故处理命令时,应立即执行。

2. 值班员必须及时向值长汇报设备事故情况。

3. 电厂事故处理的原则

(1) 应当先做到缩小事故范围,消除事故根源,保障人身、电网和设备的安全;

(2) 尽快恢复厂用电和直流系统;

(3) 调整运行方式,使系统恢复正常;

(4) 应对事故发生和主要操作时间作好记录,及时将有关情况报告调度员、公司领导、生产副厂长、总工程师、生产部门领导及安监人员,并详细记录各种保护动作情况,对所有信号必须做到先记录后复归。

4. 事故发生后根据表计、保护、信号及自动化装置动作情况,全面分析事故性质,特别要注意防止设备的非同期并列和事故扩大。事故后当事值长应及时通知维护人员打印故障录波图。

5. 事故后当事值长应及时分析总结,将事故处理全过程记录在案。

6. 事故处理时无关人员不得进入中控室和事故现场,处理人员可拒接中转电话。

7. 在事故或设备故障、设备检修后、恶劣天气、新设备投运等情况下,应对设备加强机动性巡回检查。

8. 公司领导、电厂领导、运行部门领导发布事故处理命令时应通过值长发布,不宜直接下达事故处理命令。任何人发布的命令均不可与调度命令相抵触。

9. 电厂领导、运行部门领导如发现值长不能胜任事故处理时,有权解除当班值长的事故处理权,并亲自或指定专人负责事故的处理。但应通知中调值班调度员,并将此情况记录在运行值长记事本上,并应对所作出的决定负全部责任。

10. 如事故在交班过程中,交接班的签名尚未完成,应立即停止交接班,由交班人员进行事故处理。接班人员应在交班值长的统一指挥下协助事故处理。等事故处理告一段落后,由交接班值长共同决定是否继续交接班。在完成交接班手续后,交班人员尚未离开时发生事故,交班人员应当协助当班人员处理事故,等告一段落后方可离开。

11. 进行下列情况的处理时,可不待调度命令,由值长或值班员根据实际情况进行处理。

(1) 将直接威胁人员生命的设备停电;

(2) 将已损坏的设备隔离;

(3) 运行中设备有严重受损的威胁时,予以隔离或停用;

(4) 当母线已停电,拉开母线上的所有连接断路器;

(5) 当厂用电全部或部分停电时,或直流系统母线电源消失时,恢复其电源。

12. 处理事故时,必须严格执行发令、复诵、汇报和录音制度。命令的术语要符合调度规程和运行规程的规定,汇报时要简明扼要。受令人对命令内容不清楚时,应向发令人询问清楚后方可执行。

13. 事故处理完毕后,当值值班人员应将事故处理的经过及事故处理过程如实作好记录。尽快写出事故报告的原始材料,并组织分析,将事故的发生、扩大及处理的全过程写出书面报告,报厂相关管理部门。

1.3 其他规定

1. 运行人员发现设备缺陷时应按设备缺陷管理制度的规定进行记录,并要及时通知检修人员。值班人员应为临时检修做好安全措施。

2. 设备检修时间计算是从设备电气回路断开时开始,到重新投入运行或转入备用止。断开设备到投入运行所进行的一切操作时间均应包括在检修时间内,因此运行人员操作时应充分估计设备停、复役的操作时间,不得超过设备停役申请所计划的时间。若有可能超过设备停役申请时间,应提前提醒该设备的检修工作负责人,按规定提前办理设备延期手续,否则,应督促检修人员限时完成检修工作。

3. 设备检修工作结束后,应及时向设备管辖的调度人员汇报,以便调度人员及时了解设备检修情况。

4. 对于已停役的检修设备,如要增加其他工作,必须在不改变现有运行方式的情况下进行,若要改变运行方式,必须增报停役申请,经设备管辖的调度员批准或许可后方可工作。

5. 调度检修申请单:是指在开展需要改变或者限制调度管辖设备运行方

式和状态的检修工作前,由设备运行维护单位向设备管辖调度机构办理的一种电气工作票,包括一次设备检修单、保护设备检修单、安自设备检修单、通信设备检修单、自动化设备检修单等。

(1) 检修申请单类型分为"一次设备检修单""保护设备检修单""安自设备检修单""自动化设备检修单""通信设备检修单"等。检修申请单类型主要取决于检修工作涉及的设备及工作要求的安全措施。

(2) 需要改变或限制主网一次设备状态的保护、安自、通信或自动化设备的检修工作和结合一次设备停电进行的二次设备检修工作,应与主网一次设备检修工作一起填报"一次设备检修单"。例如,需一次设备停电的光缆、阻波器、保护等设备的检修工作,以及结合一次设备停电进行的保护检修工作,均应与一次设备的其他工作统一填报"一次设备检修单"。

(3) 如果检修工作需要执行多项安全措施,涉及一次设备、通信、保护、安自、自动化等多种设备改变状态,则按照如下优先级由高到低的顺序选择检修单类型:一次设备检修单、通信设备检修单、安自设备检修单、保护设备检修单、自动化设备检修单。

6. 以下工作可直接向值班调度员口头申请,不受申请时间限制,所开展的工作应有相应的记录:

(1) 线路带电作业、重合闸投退;

(2) 继电保护和安自装置更改定值;

(3) 在停电范围不变、安全措施不变、检修工期不变的情况下,临时增加的不可预见工作或配合工作;

(4) 紧急抢修,待抢修告一段落后补办书面申请。

7. 《调度规程》中规定的运行值班人员遇设备异常故障或事故时汇报的相关要求和重点内容:

(1) 发电机跳闸后,发电厂值班人员应立即向中调值班调度员汇报并按现场规程进行处理。现场应尽快检查跳闸机组一、二次设备并报中调值班调度员,请示跳闸机组是否可以恢复运行,中调调度员根据现场汇报情况以及系统运行要求确定机组是否并网。

(2) 220 kV 及以上等级线路跳闸后,现场值班人员应立即报告值班调度员。若重合闸未动作或重合闸动作不成功时,现场值班人员应在事故后 3 min 内向中调值班调度员汇报事故发生的时间、天气、跳闸设备等事故概况。事故后 15 min 内,值班人员应将一次设备检查情况、保护及安自动作情况等内容汇报给中调值班调度员。

（3）在进行开关分（合）闸操作时，若发生开关非全相分（合）闸，应立即检查三相不一致等相关保护动作情况并汇报给值班调度员，由值班调度员依据开关闭锁分闸故障处置原则指挥处理，尽快消除三相不平衡电流，并隔离故障开关。

（4）发生开关闭锁分闸故障时，运行值班人员应在 3 min 内向值班调度员汇报有关情况，同时进行必要检查和故障分析。

（5）若开关闭锁分闸故障是由于绝缘介质压力降低等影响开关安全运行的原因时，值班调度员接到运行人员报告后，应不待就地检查故障原因，根据系统运行情况调整运行方式，尽快采取隔离措施。若故障是由操作机构异常、控制回路故障等其他因素导致时，现场应尽快采取措施恢复开关正常，若采取措施后仍不能恢复正常时，应向调度申请隔离。

（6）系统振荡的现象：振荡时发电机电流、功率及连接失去同步的电厂或部分系统的输电线及变压器的电流、功率明显周期性地大幅摆动；系统中各点电压发生波动，振荡中心电压波动最大，照明灯光随电压波动一明一暗，发电机、电动机发出有节奏的嗡嗡声响；失去同步的发电厂或两部分电网间联络线的输送功率往复摆动，每个振荡周期内的平均功率接近于零；虽有电气联系，但电网没有统一的频率，受端系统的频率下降，送端系统的频率则升高。厂站值班员如发现上述现象，应立即汇报给值班调度员。

8. 电厂运行与调度相关的日常工作

（1）每日 23 点前签收并下载明日发电计划曲线；

（2）每日 23 点前登录 OMS 系统查看是否有检修申请单、调度通知、风险预警通知书需要签收，如有，应签收后将文件转发至部门工作群；

（3）每日 18 点向调度汇报今日 18 点上游水位、0～18 点平均入库流量、0～18 点平均出库流量数据；

（4）每日 0 点 30 分向调度汇报：电厂昨日水情信息，包括 23 点上游水位、今日 0 点上游水位、去年今日 0 点上游水位、昨日平均入库流量、昨日平均出库流量、昨日入库水量、昨日出库水量、当前水库可调水量；

（5）接受值长指令，完成与调度沟通等相关工作；

（6）按照水库运行调度要求，中班值班人员预估当日发电流量不足 30.6 m^3/s 时，应及时向调度说明情况并申请发电满足每日最低发电流量要求。

9. 电厂运行与调度相关检修申请单的相关工作

（1）计划检修，需在开工前 5 个工作日的 11 时之前报送。

(2) 临时检修,需在开工前 3 个工作日的 11 时之前报送。

(3) 对于设备预试、保护定检及设备投运一年后的定检等工作,其间隔时间可按正常周期提前 3 个月安排。

(4) 月度计划原则上只能在月内调整。

(5) 已经发布的月度停电计划不能随意变更调整。无法执行停电计划时,各设备运行维护部门(单位)应提前与调度协调安排停电计划变更并履行停电计划变更手续。

(6) 中调直调厂站运行维护单位根据年度检修计划,结合检修周期和设备现状编制下月度主要设备的检修计划,于每月 9 日前报送中调。

(7) 提交的月度工作计划中,如有工作时间超过 5 天的,应附上施工方案。

第 2 章
运行值班管理

2.1 ON-CALL 组人员职责

ON-CALL 组是由厂部直接领导,发电部、检修部派员组成的负责日常生产工作的临时机构,主要负责电厂的运行值班、设备巡检、设备消缺、事故第一现场处置等工作。

2.1.1 人员组成

1. 厂部 ON-CALL 值班领导由厂领导及各部门负责人轮流担任,是 ON-CALL 组总负责人。

2. ON-CALL 组由发电部、检修部人员共同组成。原则上,每轮 ON-CALL 组发电部安排不少于 3 人,检修部安排不少于 4 人(其中至少包含机械、电气、自动化专业各 1 人)。

3. ON-CALL 组设 ON-CALL 组长、副组长各 1 名。其中 ON-CALL 组长由发电部副值长及以上人员(含代理值长)担任;ON-CALL 副组长由检修部指定工作能力及责任心较强的设备专责以上人员担任。

4. 值守组由 6 值 6 人组成,每值 1 人,人员由发电部安排。

2.1.2 职责

1. ON-CALL 组职责

(1) 负责电厂的运行值班、设备巡检、设备消缺、事故第一现场处置等工作。

（2）负责本轮班期间，电厂安全和生产工作，合理安排机组经济运行。

2. ON-CALL 值班领导职责

（1）负责监督、指导、检查值班期间的设备巡检、故障消缺和事故处理等工作。签署申请延期处理缺陷的鉴定意见。

（2）主持每日的 ON-CALL 例会，组织安排 ON-CALL 值班人员开展缺陷处理、工作任务及人员安排等工作。

（3）妥善处理值班期间全厂发生的一切问题，遇有重大事项应及时向电厂厂长和主管生产副厂长汇报，并按领导批示协调处理好有关事项。

（4）负责督促、检查、指导在岗 ON-CALL 值班人员履行职责及完成工作情况。定期审阅、查看电厂 MIS 系统中《运行日志》《设备缺陷登记》等内容。

（5）合理安排 ON-CALL 人员参与设备消缺处理、日常巡检等工作，有意识地进行交叉学习，以提高 ON-CALL 人员综合素质水平。

（6）及时了解掌握全厂情况，查看重点部位安全措施是否良好，掌握值班期间全厂设备系统的运行方式情况，了解设备缺陷处理情况，跟踪设备隐患的发展和预见，如遇复杂问题处理不了的应及时反馈厂部统一安排处理。

（7）及时填写好《厂部领导值班日志》，记录值班期间发生的事情及工作安排。

（8）当班期间，须到现场了解、协调、指导 ON-CALL 值班工作不少于 3 次（包括晚上检查 1 次）。

（9）对 ON-CALL 值班期间的 ON-CALL 正副组长进行考核评价，对 ON-CALL 成员和值守人员的考核情况进行审核。

3. ON-CALL 组长职责

（1）协助 ON-CALL 值班领导工作，是当值 ON-CALL 工作的主要组织者和指挥者，负责按 ON-CALL 值班领导的安排组织、落实开展各项工作。在进行事故处理时，有权调遣本组所有成员（含值守人员）协助处理，事后应及时向 ON-CALL 值班领导汇报。

（2）ON-CALL 组长与 ON-CALL 组员之间是明确的上、下级关系。ON-CALL 组长对组员的工作负有指导、督促、提醒之责。

（3）主要负责设备巡检、设备隔离操作和事故处理等工作。

（4）深入细致地了解全厂设备的性能、状况，合理安排人员处理或参与处理设备缺陷，杜绝事故的发生，努力提高机组的可用率、减少强迫停运次数。

（5）应合理安排 ON-CALL 组人员进行岗位交叉学习和培训。

（6）在组织安排、布置落实工作有困难时须及时向 ON-CALL 值班领导汇报。

（7）对本轮班的设备运行数据进行分析，打印的报表必须签字确认，对其正确性负责。

（8）配合检修部人员开展设备定检的相关工作票办理、设备隔离及恢复操作等工作。

（9）每轮班对 ON-CALL 成员营地值班和值守人员值班纪律情况检查不少于 2 次。

（10）值班期间，负责对 ON-CALL 成员和值守人员进行考核评价。

4. ON-CALL 副组长职责

（1）协助 ON-CALL 值班领导及 ON-CALL 组长做好日常生产工作。

（2）对组员（包括中控室值班人员）的工作负有指导、督促、提醒之责。

（3）须协助 ON-CALL 值班领导和 ON-CALL 组长做好本班人员的岗位交叉学习和培训。

（4）主要负责参与、组织、协调完成设备消缺工作。

（5）负责完成《检修部 ON-CALL 日志》的填写和记录，协助 ON-CALL 组长完成交班日志的相关内容。

（6）负责对 ON-CALL 值班期间的 ON-CALL 组成员进行考核评价。

（7）参与 ON-CALL 期间营地留守值班工作，并对 ON-CALL 组成员、值守组值班人员的安全和纪律负责。

5. ON-CALL 组成员职责

（1）ON-CALL 组员在 ON-CALL 值班期间一切听从厂部 ON-CALL 值班领导及当班 ON-CALL 正副组长的安排，负责设备巡检、轮换、绝缘测量、试验、缺陷处理及事故处理等工作。

（2）了解接班前及当班期间运行日志，掌握设备当前的运行状态和有关要求。

（3）通过 ON-CALL 平台，积极、主动参与各项工作，努力学习，掌握各方面操作技能或消缺工艺，不断提高自身技术水平。

（4）熟悉《运行规程》《检修规程》《调度规程》及电厂颁布的各项应急预案、黑启动方案、火灾和紧急疏散报警流程等。

（5）参与 ON-CALL 值班期间营地留守值班工作。

6. 值守人员职责

（1）值守人员在值班期间一切听从 ON-CALL 值班领导、正副组长的安排，负责运行设备监视操作、运行数据录入与调度联系等工作。

（2）当发现设备异常或发生事故时，值守人员应结合上位机上一切能够反映设备运行状况的数据和信息，根据自己的分析和判断，第一时间采取有效措施，降低或减少事故发生的危害，确保机组能正常停稳，并及时通知 ON-CALL 组长处理，汇报给调度。

（3）协助 ON-CALL 组长收集相关故障信息。

（4）熟悉《运行规程》《检修规程》《调度规程》及电厂颁布的各项应急预案、黑启动方案、火灾和紧急疏散报警流程等。

2.2 ON-CALL 组值班模式

1. 值守组倒班工作由发电部自行安排，按照"六值三倒"方式开展。休息时间由发电部自行安排。

2. ON-CALL 组发电部按现有人数分为两组，作息周期为 14 天，其中学习 2 天，ON-CALL 值班 8 天，值班结束后休息 4 天。

3. ON-CALL 组检修部按现有人数分为三组，作息周期为 14 天，其中行政班 2 天，ON-CALL 值班 8 天，ON-CALL 值班结束后休息 4 天，其他工作日由检修部安排，负责完成设备点检、定检、维护、试验等工作。

4. ON-CALL 组在 ON-CALL 值班内作息时间可根据工作计划安排自由分配，由厂部 ON-CALL 值班领导负责监督。

5. ON-CALL 组发电部和检修部各安排 1 人参与前方营地值班，确保厂区 24 小时待命（其中，中午 12:00～15:00 要求发电部人员留守，晚上 17:30～次日 8:00 要求发电部、检修部人员共同留守）。人员轮换由各部门自行安排，因个人原因不能按时留守营地者，必须经 ON-CALL 值班领导批准同意，由 ON-CALL 组长（或副组长）另安排本组 1 人值班，ON-CALL 正、副组长对营地留守人员的值班纪律负责。

2.3 ON-CALL 组工作内容及标准

2.3.1 ON-CALL 组主要工作内容

1. 负责运行设备的定期巡检、轮换及试验工作，并做好相关记录。
2. 落实完成 ON-CALL 会上安排的工作。
3. 负责设备的倒闸、隔离恢复操作及其他安全措施。

4. 负责办理工作票、操作票。

5. 负责全厂设备日常缺陷处理。

6. 负责全厂设备障碍及故障现场紧急处理。

7. 负责"事件报告"的填写及上报。

8. 负责设备变更(技改、定值修改、保护和自动装置投退)工作。

9. 负责设备消缺及质量验收工作。

10. 负责与调度的沟通、协调工作。

2.3.2 交接班

1. 基本要求

ON-CALL 交接班由值班领导、ON-CALL 组正副组长、接班全体 ON-CALL 人员参加,由 ON-CALL 组长负责交班,厂部 ON-CALL 值班领导负责补充说明,并对交班内容的正确性、完整性负责。

2. ON-CALL 值班组交接班

(1) ON-CALL 组交接班定于每周三早上 8 点在 908 会议室进行。

(2) 交班人员在交班前,厂部 ON-CALL 值班领导、ON-CALL 正副组长应完成当班 ON-CALL 日志和 ON-CALL 相关表单(包括:《巡检工作任务单》《缺陷汇总表》《工作记录单》《ON-CALL 组考核评价总表》)的填写和提交。其中,《工作记录单》作为设备履历备案资料,由工作负责人根据需要决定是否填写。

(3) 交班的主要内容包括:本轮班巡检工作的完成情况、检修部在定检工作中发现的问题和处理的情况、运行数据分析情况、设备消缺情况、遗留缺陷延期原因、事故处理情况以及其他交代事项。

(4) 接班 ON-CALL 值班领导及 ON-CALL 正副组长应在接班时了解以下内容:

①当前设备的运行情况,包括:220 kV 系统运行情况、机组的运行情况、厂用电的运行情况、各辅助设备的状况。

②接班人员休息以来所出现的较大设备事件及故障;做过什么处理;哪些问题已经解决;哪些问题因何种原因未能解决;有哪些设备还存在缺陷需要特别加以监视等。

③重要的试验项目,试验的目的、方法、步骤,对机组与系统的影响,以及试验的结果。

④调度、厂部及各部门对设备运行提出的特殊要求。

⑤了解因无备品而延期处理的缺陷情况和已采购到货的备品须及时进行缺陷处理的事宜。

（5）交接班时，接班人员须认真听取交班内容，如有疑问，可向交班人员了解清楚。

（6）接班人员接班后必须逐项仔细阅读本人不当值期间（包括休息期间）的全部值班记录，了解设备状态。严禁只听交班人员的交代而不看值班记录、不检查及核对涉及主设备运行的重要报警信息。

（7）在事故处理及重要操作进行过程中，不进行交接班。

（8）正在进行交接班时，若发生影响出力的事件，必须停止交接班，待事件处理完毕或告一段落后继续交接班。

（9）交班后，交班组应从巡检情况、消缺情况、值守工作和值班纪律等方面对本轮班人员的工作完成情况进行考核评价。考评后，评价表交由发电部应于复核、存档，电厂厂长（常务副厂长或主持工作副厂长）负责审阅。发电部应于每月 5 日前完成考核统计，经厂长审核后，对考核结果进行公布。

3. 值守组交接班

值守组交接班规定及要求应严格遵照《右江水力发电厂交接班管理制度》执行。

2.3.3 ON-CALL 会

1. ON-CALL 早会一律规定在每天早上 8 点进行，不分周末和节假日（除厂部另行规定外）。

2. 为加强 ON-CALL 的协调管理，提高工作效率，厂部、检修部和综合部需有 1 名技术主管工程师及以上人员参加。非厂领导值班时，由与会厂领导负责必要的协调工作。

3. ON-CALL 会内容：了解总结前一天全厂设备运行情况、缺陷处理情况、工作任务完成情况，以及需要协调处理的工作等，由 ON-CALL 值班领导安排当日缺陷处理、工作任务及人员分配等工作。

2.3.4 设备消缺及事故处理工作

1. 设备消缺处理

（1）发现缺陷者须在 4 小时内记录到 MIS 系统上，并及时通知 ON-CALL 组长确认(零点班时值守人员若发现三类缺陷，可在下班时通知 ON-CALL 组长确认，而发现一、二类缺陷时则必须立即通知 ON-CALL 组长处理)。若因无备品而无法消缺的,缺陷处理负责人须在 MIS 上办理延期流程,由 ON-CALL 值班领导审核后,提交至综合部。备品到货后或现场满足消缺条件要求时,综合部须及时指派消缺任务至当班 ON-CALL 组,由值班领导负责安排开展消缺工作。

(2) 对于定检工作中发现的缺陷,不能直接处理的,须将缺陷记录到 MIS 上,重新办理工作票后再做处理。

(3) 因无备品无法开展设备消缺工作的,由 ON-CALL 组长负责安排人员提交《紧急备品采购单》,且应在接到 ON-CALL 组长通知之时起 24 小时内提交。

2. 事故处理工作

(1) 当设备发生事故时,值守人员须密切注意事故的变化,并及时采取措施进行控制、防止事故扩大,在初步判明原因后,将相关情况通知 ON-CALL 组长。

(2) ON-CALL 组长在接到中控室值班人员通知的事故后,须立即根据事故情况安排 ON-CALL 人员进行处理;若因人力、技术等因素导致无法开展事故处理工作的,ON-CALL 值班领导可直接电话联系或调配有关部门人员进厂处理。

(3) 当调度管辖的设备发生事故时(如:机组"非停"、开关跳闸、设备损坏等),在事故处理告一段落时,ON-CALL 组长应通过值守人员向中调汇报处理情况及相关原因。

(4) 事故处理结束后,事件发生岗位的值守人员和 ON-CALL 副组长应协助 ON-CALL 组长编写事件调查报告的相关内容,2 天内上报至电厂发电部和综合部。

2.3.5　设备巡检、定期绝缘测量、定期试验及定期切换

1. ON-CALL 组长应根据《发电部 ON-CALL 定期工作派发单》的要求,负责安排完成设备巡检、绝缘测量、定期切换、试验等工作。

2. 日常巡检工作按照《巡检工作任务单》内容逐条执行打"√",发现问题及时记录。巡检完成后,巡检人必须在"巡检工作任务单"上签字确认,由 ON-CALL 组长审核签字后,交班时交由 ON-CALL 值班领导审阅、考核、签字,发电部负责存档。

3. 定期设备绝缘测量、试验、切换工作完成后,应在相应的登记本上进行登记,若在执行过程中发现问题,应及时通知 ON-CALL 组长确认、处理。

2.3.6 运行值守管理

1. 值守组由 ON-CALL 正、副组长负责管理，并对值守组值班期间的安全和纪律负责。原则上，发电部值长（或副值长）参与值守值班时间为每年不少于 2 个月。

2. 运行值守人员在值班时间内，不迟到早退，不擅自离岗，不打盹瞌睡，不做打游戏、看电影等与工作无关、影响值班安全的活动。

3. 执行调度命令时要认真服从调度下达的操作命令（严重威胁设备和人身安全的错误命令除外）。

4. 运行值守人员要认真做好各种记录，字迹清楚，严谨详细，不乱画涂改，不伪造数据。

5. 运行值守人员要定时切换计算机监控系统画面和视频监控画面，及时掌握设备运行数据和设备运行实时画面。

6. 运行值守人员要定时巡屏，对计算机监控系统阶段性报文信息、重要数据及滚动画面进行实时了解和掌握。

2.3.7 岗位交叉培训

1. ON-CALL 组长应合理安排 ON-CALL 成员参与日常工作，进行专业互学及岗位培训。

2. ON-CALL 组运行人员负责对检修人员（在发电部担任过值班员的同志除外）进行巡检培训，由 ON-CALL 组长统筹安排，要求检修人员能达到运行值班员巡检要求。

3. ON-CALL 组运行人员应参与设备消缺工作，由 ON-CALL 副组长组织安排。

2.3.8 工作标准及要求

1. ON-CALL 组人员日常工作统一由 ON-CALL 正、副组长安排，负责全厂设备操作、消缺、事故处理、设备切换、定期绝缘测量和定期巡检等日常工作。ON-CALL 值班领导负责监督、指导、检查日常工作的完成情况。

2. ON-CALL 组长应合理安排 ON-CALL 组成员参与日常工作，进行专业互学及岗位交叉培训。ON-CALL 组成员应深入细致地了解全厂设备的性能、状况，建议值守人员合理、正确安排机组的运行方式。

3. ON-CALL 组有检修或消缺工作时，必须向值守人员交代清楚。

4. ON-CALL组在全厂设备隔离操作之前、恢复之后以及工作票办理之前、结束之后,必须向值守人员交代清楚。同时值守人员要做好记录工作。

5. 对于在当值期间设备发生的事故(故障)和主要事件,当班ON-CALL组长应及时填写在MIS系统的《发电部ON-CALL值班日志》上,待故障处理完毕后,将故障原因、处理措施、处理结果和运行限制条件,详细记录在《发电部ON-CALL值班日志》上,同时交代值守人员相关内容。

6. ON-CALL人员对当值工作期间发生的设备故障,尤其是因自身能力有限而未能解决的故障,要主动、及时、如实地询问本专业专责人员并向ON-CALL值班领导汇报,以便值班领导全面掌握设备状态,合理增派人手,及时解决问题;若因缺少备品等因素造成无法处理的缺陷,消缺处理负责人须将《缺陷处理单》上报ON-CALL值班领导,经领导审核后,发至综合部确认;待备品到货后,由综合部指派消缺工作至当班ON-CALL值班领导,由当班ON-CALL值班领导负责组织安排消缺工作。

7. 在进行重大(或非常规)操作和重要(或非常规)试验前,ON-CALL组长应及时向ON-CALL值班领导汇报,合理安排人员,保证重大操作和重大试验得以顺利进行。ON-CALL组长只有接到由专业人员编写并经有关领导批准的重大试验的试验方案(含组织措施)后,且针对相关试验组织ON-CALL成员开展危险点分析后方能实施重大试验的隔离工作。

8. ON-CALL组长在进行操作或设备消缺处理之前,必须组织组员进行风险分析,对危险点予以重点控制;遇到不明之处,必须立即停止操作或缺陷处理工作,待查明原因后方可继续进行。严防误操作事故及设备毁坏事故发生。

9. ON-CALL值班期间,需要设备变更(技改、定值修改、保护和自动装置投退)时,ON-CALL组长指派专人在24小时内填写设备技术修改申请单,经ON-CALL值班领导审核后提交综合部,综合部按《技术质量管理规定》的相关规定办理。

2.4 纪律与考核

2.4.1 纪律

1. ON-CALL组(ON-CALL成员和值守人员)对ON-CALL值班领导负责,听从ON-CALL值班领导或ON-CALL正副组长安排。若部门需短时借用 ON-CALL 成员,则由 ON-CALL 组长安排;若部门需长时间调用 ON-CALL 成员,则应向 ON-CALL 值班领导申请,视工作情况经批准同意后,方可调用。

2. ON-CALL 值班期间所有 ON-CALL 组成员全天待命,随时进行事故的处理及恢复工作。

3. ON-CALL 组成员当班期间请假,须经 ON-CALL 值班领导批准同意后方可离开,同时应将请假情况告知所在部门,请假 3 天及以上的须按公司规定报厂部批准,否则按旷工处理。

2.4.2 考核

1. 考核的形式

ON-CALL 正、副组长应在交班前商议填写"ON-CALL 组考核总评表",对 ON-CALL 成员的突出表现和值班工作纪律情况进行点评和说明。交班时,与 ON-CALL 值班领导共同商定评价结果,评价分为三个等级,即:优秀、称职、不称职。评价情况作为员工月度绩效考核的依据,各部门则根据部门内部奖惩规定进行考核,电厂则根据《右江水力发电厂安全生产奖惩制度》《反违章管理规定》《设备缺陷管理制度》和《技术质量管理规定》中的相关规定进行奖惩。

2. 考核的内容

(1) 对 ON-CALL 正、副组长考核的内容有:是否能够合理安排日常工作,按时、按质、按要求完成;对 ON-CALL 值班领导安排的工作是否积极配合、认真落实完成;是否有因个人或值内人员原因发生的不安全事件。

(2) 对本轮班 ON-CALL 人员考核的内容有:日常工作是否按要求认真执行;是否积极参与设备消缺和事故处理工作;安排的工作是否认真落实完成;是否遵守值班纪律;是否因个人原因发生不安全事件。

(3) 对本轮班值守人员考核的内容有:值班监盘是否到位;是否按要求做好交代记录;与调度联系的内容有无差错;安排的工作是否认真落实完成;是否遵守值班纪律;是否因个人原因发生不安全事件。

3. 考核的标准

(1) "优秀"标准

①发现影响设备安全运行的紧急缺陷,及时采取有效措施,避免事故扩大。

②发现危及人身和设备安全的违章行为,能及时制止,避免发生人身伤

亡和设备损坏的事故。

③积极主动参与设备消缺和事故处理,并能及时正确判断故障原因,设备恢复后能可靠运行。

④及时提出重大设备缺陷可行的处理建议或方案,经实施后对安全生产起到重大作用的。

⑤能够认真听从 ON-CALL 值班领导和 ON-CALL 正副组长的安排,按要求高质、高效完成既定的工作。

⑥其他经厂部或 ON-CALL 值班领导认定的有突出表现的行为。

(2)"称职"标准

能够认真履行岗位职责,认真完成设备巡检、设备定期试验、定期绝缘测量和定期轮换等日常工作,无遗漏项目,积极参与设备消缺和事故处理等工作。

(3)"不称职"标准

①不听从指挥,不积极参与 ON-CALL 正、副组长安排的工作。

②不认真履行工作标准和岗位职责,包括:

a. 因监盘不到位,发生影响设备安全运行的现象。

b. 值守(或 ON-CALL)运行日志因漏记、错记、重要事项未交代或交代不清,给日常工作造成影响。

c. 日常工作任务未按要求完成。

d. 事故处理不及时,延误或拖延处理时间,造成事故进一步扩大,损坏设备,甚至被调度考核。

e. 备品采购单(含紧急备品采购单)在接到 ON-CALL 组长通知之时起 24 小时内未提交。

f. 发生设备异动或事故后,未按规定时间提交事件调查报告。

g. 发生违反《反违章管理规定》的行为。

h. 发生违反《设备缺陷管理制度》的行为。

i. 发生违反《技术质量管理规定》的行为。

③发生违反值班纪律的行为。包括:

a. 营地值班擅离职守。

b. 在中控室上网、看电影、玩游戏、玩手机;在工作现场和办票室玩手机游戏。

c. 不按时参加 ON-CALL 早会,ON-CALL 值班期间未经请假、批准,无故迟到、旷工。

d. 当接到值守人员或 ON-CALL 组长通知后未在规定时间(营地留守人员要求 10 分钟,百色待命 ON-CALL 人员要求 30 分钟)内赶到事故现场进行检查和处理事故的。

④其他经厂部或 ON-CALL 值班领导认定的工作表现差的行为。

2.5 设备定期试验轮换

1. 设备定期试验轮换是检查设备运行状况,提高备用设备的可靠性和运行寿命管理的重要手段,是保证安全生产的一项重要工作。

2. 定期试验:指运行设备或备用设备进行动态或静态启动,以检测运行或备用设备的健康水平。

3. 定期轮换:指将运行设备与备用设备进行定期轮换运行的方式。

4. 定期试验的主要设备包括:调速器压力油泵、启闭机油泵、排水泵、排风机、空压机、柴油发电机等。

5. 定期轮换的主要设备包括:调速器压力油泵、启闭机油泵、排水泵、排风机、空压机等。

6. 右江水电厂根据设备运行实际状况和设备评级结论,制定具体的设备清单和试验轮换周期。

7. 设备定期试验轮换工作由 ON-CALL 组负责执行,并做好记录。

8. 设备定期试验轮换工作应由两人在场开展,一人操作,一人监护。

9. 因故不能试验或轮换的设备,要将原因记录在案,等具备试验或轮换条件时补做。

2.6 "两票管理"

2.6.1 工作票

1. 工作票是指在正在运行或使用备用的设备设施上开展工作时开具的纸质操作票据。在正在运行或使用备用的设备设施上开展工作一律凭工作票进行操作,杜绝无票作业。

2. 工作票类型包括:电气第一种工作票、电气第二种工作票、机械工作票、一级动火工作票、二级动火工作票、工作许可单等。

3. 右江水电厂应按照行业规范细化工作票管理制度,并严格执行。

4. 涉及外委人员时,应由右江水电厂对其进行工作票相关知识培训,并经考核合格赋予其相应工作票办理资格,方可上岗开展工作。

5. 事故抢修、紧急缺陷处理等特殊情况,可不办理工作票,运行人员应根据工作需要做好安全措施并做好记录,在工作告一段落后,及时办理工作票手续。

6. 工作票每月由右江水电厂组织审查,右江水利公司安全监督部审核,并按照安全奖惩规定进行考核。

7. 工作票(纸质票)由右江水电厂按三个月为有效期滚动收存备查。

8. 工作票签发

(1) 涉及定检的工作,由检修部负责签发。

(2) ON-CALL消缺的工作,由ON-CALL值班领导或ON-CALL组长、副组长签发。

(3) 工作票签发人和工作许可人不能为同一人。

2.6.2　工作许可及验收

1. 凡是涉及工作设备状态改变或须做安全措施的工作票,必须有相对应的质量验收卡,经各级人员验收签字后,方能终结工作票。其中,"工作许可时间"包含"设备验收时间",因此在许可工作票时,对影响调度运行的设备应考虑设备验收时间,以便于设备能及时恢复交系统备用。

2. 工作设备本身无须安全措施的定检、点检工作,则以"工作许可单"的形式由ON-CALL组长许可后执行,无须签发和验收。

3. 设备检修后试送电,各级验收人员必须到场,经验收负责人同意后方可送电。试送电结束后,恢复设备检修前的隔离状态,待设备最终验收签字,工作票终结后,方可恢复设备运行。

4. 工作票许可之前,由工作签发人拟定工作验收的级别,并在工作票的"备注"栏中注明,同时通知各级验收人员做好相关准备工作。其中,一级为班组验收,由检修部专责或班组长负责定检工作的验收,ON-CALL组负责设备消缺工作的验收;二级为部门验收,主要人员:检修部部门领导和技术主管工程师;三级为厂级验收,主要人员:厂领导及综合部领导。

2.6.3　操作票

1. 操作票是指电气倒闸操作或设备隔离/恢复操作的重要程序性书面票据,是防止误操作的依据和措施。

2. 右江水电厂应按照行业规范细化操作票管理制度,并严格执行。

3. 凡两步及以上操作(非自动程序操作),必须使用操作票。如遇下列特殊情况,可以不用操作票,但必须在运行工作日志中详细记录操作过程:

(1) 事故紧急处理;

(2) 程序操作;

(3) 拉合断路器(开关)的单一操作;

(4) 拉开全厂仅有的一组接地开关或拆除全厂仅有的一组接地线。

4. 操作票必须由两人(一人操作、一人监护)共同执行,操作中应认真执行监护复诵,发布和复诵操作命令应严肃认真、准确专业、声音洪亮、表达清晰。

5. 右江水电厂所有操作任务必须由右江水电厂授权操作资格的本部职工执行,严禁外委或公司其他部门人员操作右江水电厂任何设备设施。

6. 操作票每月由右江水电厂组织审查,右江水利公司安全监督部审核,按照有关安全奖惩规定进行考核。

7. 操作票由右江水电厂按三个月为有效期滚动收存备查。

2.7 电力生产场所环境卫生

1. 保持厂区、厂房、设备、设施清洁整齐是电力生产场所安全文明生产的基本要求,也是企业管理水平的重要标志,右江水电厂各级人员应当持续保持。

2. 右江水电厂所有生产设备设施,必须保持整齐、清洁卫生,电力生产场所不得随地乱放杂物。

3. 运行人员是电力生产场所环境卫生的管理者,必须督促保洁人员做好所辖设备设施和电力生产场地的清洁卫生工作。

4. 检修工作时,应保持设备设施、场地的清洁卫生,检修工作结束后,必须将设备设施、检修现场清扫干净后,方可办理工作票终结手续。

5. 保洁人员清扫电力生产场所必须严格履行工作票手续,保持安全距离,不得移开和越过安全护栏,不得随意移动任何设备设施和干扰电力生产检修工作。

附录 A　右江水力发电厂 ON-CALL 组日常巡检工作任务单

巡检周期：_____　　巡检单编号：_____
开始日期/时间：_____　　结束日期/时间：_____

序号	区域范围	检查项目	是否正常 是	是否正常 否	存在问题	备注
			☐	☐		
			☐	☐		
			☐	☐		
			☐	☐		
			☐	☐		
			☐	☐		
			☐	☐		
			☐	☐		
			☐	☐		
			☐	☐		
			☐	☐		
			☐	☐		
			☐	☐		
			☐	☐		
			☐	☐		

巡检人：_____　　组长审核：_____　　值班领导审核：_____

附件 B　ON-CALL 设备缺陷或故障汇总记录表

记录时段：_____

序号	故障设备名称及编号	故障发现日期	故障现象与后果	故障原因	处理情况与结果	已处理或延期	是否提出备品采购单（单号）	消缺处理负责人
1								
2								
3								
4								
5								
6								
…								

ON-CALL 组长审核：　　　　　　　　　　　ON-CALL 值班领导审核：

附件 C 工作记录单

工作分类	缺陷处理□　　定检□　　点检□　　其他□
所属系统	
工作内容	
工作时间	
工作交代	
工作负责人	
ON-CALL 值长	
备注	

附件D 右江水力发电厂ON-CALL组考核总评表

考核时间段：

姓名	值别	工作表现评价	备注	姓名	值别	工作表现评价	备注

值班工作、纪律考核情况：

突出表现情况：

ON-CALL 组长：　　　　　　　　　　日期：　　年　　月　　日
ON-CALL 副组长：　　　　　　　　　日期：　　年　　月　　日

ON-CALL 组长、副组长工作、纪律表现情况：

ON-CALL 值班领导审核：　　　　　　日期：　　年　　月　　日

附件 E　工作许可单

　　　　　　　　　　　　　　　　　　　　　　　许可单编号：_____

工作负责人：_____　　班组：_____

工作班成员姓名：_____　　　　　　　　共　　　人

设备名称：_____

工作地点：_____

工作内容：_____

检修申请计划工作时间由：　年　月　日　时　分至　　年　月　日　时　分

工作条件(停电或不停电)：_____

安全措施和注意事项：

_____

_____

_____

_____

_____

_____

_____

_____

_____

_____

许可工作时间：　　　　　　　年　月　日　时　分至　　年　月　日　时　分

工作许可人：_____　　工作负责人：_____

工作终结时间：　　　　　　　年　月　日　时　分

工作许可人：_____　　工作负责人：_____

备注：_____

第 3 章
设备巡回检查管理

3.1 一般要求

1. 右江水电厂设备巡回检查是为了深入了解设备运行状况，及时发现设备缺陷，把事故消灭在萌芽状态，防患于未然，确保设备和系统安全运行的重要工作。右江水电厂各级生产运行人员必须认真遵守设备巡回检查制度、履行职责，做好此项工作。

2. 右江水电厂设备巡回检查分为日常巡检和特殊巡检。日常巡检为平时开展的设备定期巡回检查工作；特殊巡检为节假日、重要时间保供电时采取的巡回检查工作。

3. 右江水电厂设备巡回检查工作一般由 ON-CALL 组按照巡回检查要求完成。

4. 在下列情况下，右江水电厂应在巡回检查基础上增加设备专业巡检：
（1）受到外界环境和天气影响的设备；
（2）高峰负荷时有薄弱环节的设备；
（3）新投产或技术改造后或检修后刚投入运行的设备；
（4）运行数据发生较大变化的设备；
（5）运行方式发生变化的设备；
（6）事故后受影响的设备。

3.2 巡检周期

右江水力发电厂设备巡检周期见表3.1。

表3.1 右江水力发电厂设备巡查周期表

项目	巡检周期
发电机巡检	每天巡检1次
水轮机巡检	每天巡检1次
励磁系统巡检	每天巡检1次
计算机监控系统巡检	每天巡检1次
调速器巡检	每天巡检1次
出线场巡检	每周巡检一次
厂用电巡检	每周巡检一次
高压电缆巡检	半个月巡检一次
主变巡检	每天巡检一次
GIS巡检	每周巡检一次
直流系统巡检	每周巡检一次
继电保护装置巡检	每周巡检一次
通信设备巡检	每周巡检一次
通风空调系统巡检	每天巡检一次
进水塔设备巡检	每天巡检一次
火灾自动报警装置巡检	每天巡检一次
表孔闸门设备巡检	每周巡检1次;主汛期应增加检查次数(5月20日～8月31日),每3天检查一次;公司启动Ⅳ级及以上响应时每天巡检一次。
中孔闸门设备巡检	每周巡检一次
中孔事故检修闸门设备巡检	每周巡检一次

3.3 检查内容

3.3.1 发电机巡检

1. 发电机

(1) 发电机运转声音正常,无异音、异味和异常振动。

(2) 运行中电刷无火花、跳动。

(3) 风洞内无异音、异味、火花和异常振动。

(4) 空冷器及管路无渗漏。

(5) 机组振动摆度测量装置运行正常,各部位振动摆度正常。

(6) 机组制动制动气压正常,各电磁阀位置正确,测速装置运行正常,转速信号正确。

(7) 灭火柜指示灯显示正常,消防水压正常。

2. 13.8 kV 及中性点设备

(1) 声音正常,无异音、异味和异常振动。

(2) 发电机引出线连接处及中性点连接处无过热现象。

(3) 封闭母线各测温点温度正常。

(4) 封闭母线干燥装置运行正常。

(5) 励磁变温度显示正常,无异响、异味。

(6) 出口断路器 SF_6 压力正常,动作次数及储能电机动作次数在正常范围内,操动机构液压油油位、油色正常,控制柜无报警。

(7) 避雷器外观正常,无放电痕迹,无异响。

3. 上导轴承

(1) 油槽油位、油温正常。

(2) 观察滑转子是否存在位移。

4. 下导轴承

(1) 油槽油位、油温正常。

(2) 油槽无渗漏。

5. 推力轴承

(1) 油槽油位、油温、油色正常。

3.3.2 水轮机巡检

1. 水车室

(1) 水轮机运转声音正常,无异常振动。

(2) 水导轴承油位、油温、油质、油混水装置、导瓦温度、轴承支架振动和冷却润滑水压力、流量等正常。

(3) 水导轴承无渗漏、无甩油。

(4) 水轮机导水机构工作正常。

(5) 顶盖水位正常,顶盖排水泵运行时间及启动频率正常。

(6) 主轴密封润滑水压力、流量值正常。

(7) 水轮机端子箱指示灯显示正常,无报警信号。

(8) 管路阀门状态正确,油、水、气系统无渗漏。

(9) 水力监测装置工作正常,显示监测数据正确。

(10) 尾水盘型阀在关闭位置。

(11) 技术供水管路测量表计完好,显示正确。

(12) 电气引线、接线完好,无过热、受潮、松动现象。

2. 调速器液压油系统

(1) 油泵工作正常,回油箱油位、油温、油质正常。

(2) 压力油罐油位、油压正常,无渗漏。

(3) 压力油管路无渗漏。

(4) HPU 柜运行正常,无报警。

(5) 电气引线、接线完好,无过热、受潮、松动现象。

3. 尾水操作廊道

(1) 尾水进入门无漏水、剧烈振动现象。

(2) 蜗壳盘型阀在关闭位置。

(3) 水力监测装置工作正常,显示监测数据正确。

(4) 油泵工作正常,漏油箱油位、油温、油质正常。

(5) 电气引线、接线完好,无过热、受潮、松动现象。

3.3.3 励磁系统巡检

1. 励磁控制柜

(1) 运行正常,无异响、异味。

(2) 液晶面板显示正常,无故障信号。

2. 功率柜

(1) 运行正常,无异响、异味。

(2) 风机运行正常,无异响。

(3) 查看整流模块输出电流,均流系数应大于 0.9。

3. 灭磁开关柜

(1) 运行正常,无异响、异味。

(2) 灭磁开关位置正确,位置显示正确。

3.3.4 计算机监控系统巡检

1. 主机

(1) 检查逆变电源的输入电压、输出电压、输出电流、频率,装置运行正常,无报警。

(2) 空调运行正常。

(3) 检查主机画面,无死机。

2. 机组 LCU 柜

(1) 无异响、无异味;

(2) PLC 模件运行正常,指示灯正确,无异常信号;

(3) 供电插箱电源指示灯亮,正常情况下"调试"灯灭;

(4) 各切换把手在正常工作位置;

(5) 触摸屏运行正常;

(6) 压板投入正确;

(7) 交流采样装置运行正常。

3. 升压站 LCU 柜

(1) 无异响、无异味;

(2) PLC 模件运行正常,指示灯正确,无异常信号;

(3) 供电插箱电源指示灯亮,正常情况下"调试"灯灭;

(4) 各切换把手在正常工作位置;

(5) 触摸屏运行正常;

(6) 交流采样装置运行正常。

4. 公用 LCU 柜

(1) 无异响、无异味;

(2) PLC 模件运行正常,指示灯正确,无异常信号;

(3) 供电插箱电源指示灯亮,正常情况下"调试"灯灭;

（4）各切换把手在正常工作位置；

（5）触摸屏运行正常。

3.3.5 调速器巡检

1. 电调柜

（1）检查调速器报警信息。

（2）调速器报警信息、表计、信号指示灯指示正常，开关位置正确。

（3）水头指示值与当前水头一致，控制输出与接力器位移信号基本一致。

（4）运行方式和运行模式正常。

（5）调速器运行稳定，控制输出与接力器位移信号无异常波动和跳变。

2. 调速器液压部分

（1）调速器各阀件、管路无渗漏，阀件、限位螺杆与锁紧螺母位置正常。

（2）接力器动作正常，无抽动现象。

（3）检查油压装置报警信息。

（4）回油箱油温在允许范围内（10℃～50℃）。

（5）压力油罐油压在 56～60 MPa 范围，油位在正常范围内。

（6）回油箱油位在正常范围内，无渗漏。

（7）漏油箱油位正常，漏油泵运行正常，无渗漏。

（8）压油泵打油正常，无异常噪声，启动间隔不得＜30 min；组合阀动作正常，无异常振动，无渗油。

（9）各管路、阀件无漏油、漏气现象。

3.3.6 出线场巡检

1. 出线场设备附近坝体无渗水。

2. 出线场地面平整、无积水。

3. 杆塔无变形；避雷器、PT 套管、金具、绝缘子外观无异常。

4. 现场标识牌清晰、无破损。

5. PT 端子箱外观良好，柜内无积水。

6. 带电设备无异常发热情况。

3.3.7 厂用电巡检

1. 干式变压器

（1）变压器声均匀、正常，无异味。

(2) 变压器外壳无积污。

(3) 温控装置工作正常且温度值在正常范围内。

2. 开关柜

(1) 开关柜电压、电流正常。

(2) 外观正常,无放电痕迹,无异响,无异味。

(3) 断路器控制方式正确。

(4) 断路器分合闸状态、位置状态、控制方式、储能状态等指示正确。

(5) 备自投状态正确。

3. 配电室

(1) 配电室门、窗、照明完好,

(2) 室内无积水、无漏水。

3.3.8　高压电缆巡检

1. 检查电缆终端表面有无放电、污秽现象;终端绝缘管材有无开裂;套管有无损伤。

2. 引出线连接点雨雾发热现象。

3. 检查接地线是否良好,连接处是否紧固可靠,有无发热或放电现象。

4. 检查电缆铭牌是否完好,相色标志是否齐全、清晰;电缆固定、保护设施是否完好。

5. 检查电缆外护套与支架处有无磨损或放电迹象,衬垫是否失落;检查支架、接地扁铁是否锈蚀。

6. 检查电缆廊道内孔洞是否封堵完好,通风、排水及照明设施是否完整;有无山体渗水情况。

3.3.9　主变巡检

1. 变压器

(1) 油温、绕组温度计应正常;储油柜的油位应与温度相对应,各部位无渗油、漏油。

(2) 套管油位应正常,套管外部无破损裂纹、无油污、无放电痕迹及其他异常现象。

(3) 变压器声响均匀、正常。

(4) 引线接头、电缆、母线应无发热迹象。

(5) 压力释放器、安全气道及防爆膜应完好无损。

(6) 有载分接开关的分接位置及电源指示应正常。
(7) 有载分接开关的在线滤油装置工作位置及电源指示应正常。
(8) 气体继电器内应无气体。

2. 冷却器

(1) 各冷却器手感温度应相近,油泵运转正常,油流继电器、水流继电器工作正常。特别注意油泵负压区是否出现渗漏油现象。
(2) 冷却器运行正常,无报警,无异常声音。

3.3.10　GIS 巡检

1. GIS 外观检查

(1) 外观整洁、完好,标志清晰、完善。
(2) GIS 构架接地良好、紧固,无松动、锈蚀。
(3) 伸缩节无异常变化。
(4) GIS 设备无异常声响。
(5) SF_6 压力表读数应位于绿色区域。

2. GIS 本体开关、刀闸、地刀

(1) 各开关(断路器、隔离开关、接地开关及快速接地开关)分、合指示及动作正确,并与实际运行工况相符,检查计数器动作次数。
(2) 各开关(断路器、隔离开关、接地开关)机构箱的门、盖关严密封。
(3) 断路器、隔离开关的机构箱底部无碎片、异物、油污。
(4) 断路器操作机构储能齿轮在储能到位位置。
(5) 控制柜指示灯指示正常,无报警信号。

3.3.11　直流系统巡检

1. 直流控制柜

(1) 外观正常,无异响、异味。
(2) 查看绝缘检测装置报警信息,检查直流母线对地绝缘电阻,绝缘电阻应不小于 10 MΩ。
(3) 检查直流系统集中控制器报警信息,检查交流输入电压值、充电装置输出的电压值和电流值、蓄电池组电压值、直流母线电压值、浮充电流值等是否正常。
(4) 检查直流系统指示灯是否正常。
(5) 检查直流系统开关位置是否与运行状态一致。

(6) 检查充电模块是否工作正常。

2. 蓄电池

(1) 蓄电池外观整洁,无变形,无放电痕迹,无异响、无异味。

(2) 蓄电池无漏液。

(3) 蓄电池极柱、连接件无腐蚀痕迹。

(4) 蓄电池室温度在规定范围内。

3.3.12　继电保护装置巡检

1. 机组继电保护装置

(1) 检查继电保护装置外观是否完整无损,盘柜是否清洁无污垢。

(2) 检查继电保护及自动装置的运行状态、运行监视是否正确。

(3) 检查继电保护各元件有无异常,接线是否坚固,有无过热、异味、冒烟现象。

(4) 检查继电保护及自动装置屏上各小开关、把手的位置是否正确。

(5) 检查继电保护及自动装置有无异常信号。

(6) 检查继电保护及自动装置的压板投退情况是否与运行情况相符。

(7) 检查故障录波运行是否正常,有无报警信号。

2. 主变继电保护装置

(1) 检查继电保护装置外观是否完整无损,盘柜是否清洁无污垢。

(2) 检查继电保护及自动装置的运行状态、运行监视是否正确。

(3) 检查继电保护各元件有无异常,接线是否坚固,有无过热、异味、冒烟现象。

(4) 检查继电保护及自动装置屏上各小开关、把手的位置是否正确。

(5) 检查继电保护及自动装置有无异常信号。

(6) 检查继电保护及自动装置的压板投退情况是否与运行情况相符。

3. 母线继电保护装置

(1) 检查继电保护装置外观是否完整无损,盘柜是否清洁无污垢。

(2) 检查继电保护及自动装置的运行状态、运行监视是否正确。

(3) 检查继电保护各元件有无异常,接线是否坚固,有无过热、异味、冒烟现象。

(4) 检查继电保护及自动装置屏上各小开关、把手的位置是否正确。

(5) 检查继电保护及自动装置有无异常信号。

(6) 检查继电保护及自动装置的压板投退情况是否与运行情况相符。

4. 线路继电保护装置

(1) 检查继电保护装置外观是否完整无损，盘柜是否清洁无污垢。

(2) 检查继电保护及自动装置的运行状态、运行监视是否正确。

(3) 检查继电保护各元件有无异常，接线是否坚固，有无过热、异味、冒烟现象。

(4) 检查继电保护及自动装置屏上各小开关、把手的位置是否正确。

(5) 检查继电保护及自动装置有无异常信号。

(6) 检查继电保护及自动装置的压板投退情况是否与运行情况相符，是否符合调度命令要求。

(7) 检查故障录波运行是否正常，有无报警信号。

3.3.13 通信设备巡检

1. 通信电源

(1) 外观正常，无异响、异味。

(2) 检查集中控制器，查看报警信息。

(3) 检查指示灯是否正常。

(4) 检查开关位置是否与运行状态一致。

(5) 检查充电模块是否工作正常。

(6) 蓄电池外观整洁，无变形，无放电痕迹，无异响、无异味。

(7) 蓄电池无漏液。

(8) 蓄电池极柱、连接件无腐蚀痕迹。

(9) 通信室温度在规定范围内。

2. 通信及网络设备

(1) 无异响，无异味。

(2) 网络设备运行正常，无报警。

(3) 纵向加密、横向隔离装置运行正常，无报警。

(4) 网络审计系统运行正常，无报警。

(5) 入侵防御系统运行正常，无报警。

(6) 堡垒机运行正常，无报警。

(7) PMU 运行正常，无报警。

(8) 线路保护通信装置运行正常，无报警。

(9) 程控交换机运行正常，无报警。

3.3.14 通风空调系统巡检

1. 冷水机组
(1) 室内无积水、照明正常。
(2) 冷水机组运行无异响、无异味。
(3) 冷水机组运行正常,无报警信息。
(4) 冷水机组运行工况与设定工况一致。

2. 组合式空调
(1) 室内无积水、照明正常。
(2) 组合式空调运行无异响、无异味。
(3) 组合式空调运行正常,无报警信息。
(4) 组合式空调运行工况与设定工况一致。
(5) 滤网清洁无积灰。

3.3.15 进水塔设备巡检

1. 进水塔配电室
(1) 配电室门、窗、照明完好。
(2) 室内无积水、无漏水。
(3) 变压器声均匀、正常,无异味。
(4) 变压器外壳无积污。
(5) 温控装置工作正常且温度值在正常范围内。
(6) 开关柜电压、电流正常。
(7) 外观正常,无放电痕迹,无异响,无异味。
(8) 断路器控制方式正确。
(9) 断路器分合闸状态、位置状态、控制方式、储能状态等指示正确。
(10) 备自投状态正确。

2. 进水塔快速闸门
(1) 启闭机房、门窗、照明等应完好,应无雨水渗入。
(2) 启闭机房应保持清洁、通风、干燥,无杂物;室内空调运行正常。
(3) 启闭机显示高度应与闸门实际高度一致。
(4) 油箱内液压油的液位在正常范围内。
(5) 油箱、油泵、阀组、压力表及管路连接处应无渗漏等现象。
(6) 液压油应无浑浊、变色等异常现象。

(7) 吸湿空气滤清器干燥剂变色范围<2/3。
(8) 电动机、控制柜应保持清洁干燥;不得有外接电线供电现象。
(9) 控制柜显示屏及显示按钮等的状态应正常,无报警。
(10) PLC工作正常,无报警。
(11) 闸门启闭机液压缸、高压油管、软管无渗漏。
(12) 闸门附近的安全围栏、楼梯应完善和牢固。

3.3.16 火灾自动报警装置巡检

1. 火灾自动报警装置
(1) 柜内干净、无积灰。
(2) 装置各指示灯显示正常。
(3) 检查装置运行工况,确认在"自动"状态。
(4) 检查确认报警信息。

2. 消防广播
(1) 柜内干净、无积灰。
(2) 装置各指示灯显示正常。
(3) 测试广播播放功能正常。

3.3.17 表孔闸门设备巡检

1. 闸门巡检
(1) 闸门迎水面应无附着物,闸门背水面梁格、顶部及弧门支臂上应无淤泥、杂草、锈皮等污物。
(2) 闸门在关闭状态时无漏水情况。
(3) 闸门启闭机液压缸、高压油管、软管无渗漏。
(4) 闸门附近的安全围栏、楼梯应完善和牢固。
(5) 闸门止水润滑水装置应正常。

2. 启闭机巡检
(1) 启闭机房、门窗、照明等应完好,应无雨水渗入。
(2) 启闭机房应保持清洁、通风、干燥,无杂物;室内空调运行正常。
(3) 启闭机显示高度应与闸门实际高度一致。
(4) 油箱内液压油的液位在正常范围内。
(5) 油箱、油泵、阀组、压力表及管路连接处应无渗漏等现象。
(6) 液压油应无浑浊、变色等异常现象。

(7) 吸湿空气滤清器干燥剂变色范围<2/3。

3. 控制柜巡检

(1) 电动机、控制柜应保持清洁干燥；不得有外接电线供电现象。

(2) 配电柜电压指示应正常。

(3) 控制柜显示屏及显示按钮等的状态应正常，无报警，各种声光电保护装置应可靠有效。

(4) PLC 工作正常，无报警。

3.3.18　中孔闸门设备巡检

1. 闸门巡检

(1) 闸门迎水面应无附着物，闸门背水面梁格、顶部及弧门支臂上应无淤泥、杂草、锈皮等污物。

(2) 闸门在关闭状态时无漏水情况。

(3) 闸门启闭机液压缸、高压油管、软管无渗漏。

(4) 闸门附近的安全围栏、楼梯应完善和牢固。

(5) 闸门止水润滑水装置应正常。

2. 启闭机巡检

(1) 启闭机房、门窗、照明等应完好，应无雨水渗入。

(2) 启闭机房应保持清洁、通风、干燥，无杂物；室内空调运行正常。

(3) 启闭机显示高度应与闸门实际高度一致。

(4) 油箱内液压油的液位在正常范围内。

(5) 油箱、油泵、阀组、压力表及管路连接处应无渗漏等现象。

(6) 液压油应无浑浊、变色等异常现象。

(7) 吸湿空气滤清器干燥剂变色范围<2/3。

3. 控制柜巡检

(1) 电动机、控制柜应保持清洁干燥；不得有外接电线供电现象。

(2) 配电柜电压指示应正常。

(3) 控制柜显示屏及显示按钮等的状态应正常，无报警，各种声光电保护装置应可靠有效。

(4) PLC 工作正常，无报警。

3.3.19 中孔事故检修闸门设备巡检

1. 卷扬机巡检

(1) 机房、门窗、照明等应完好,应无雨水渗入。

(2) 机房应保持清洁、通风、干燥,不得堆放杂物。

(3) 启闭机机架、减速器、齿轮罩等外露部分,应保持清洁、干燥。

(4) 高度指示器指示高度与闸门实际高度应一致。荷载装置工作应正常。

(5) 启闭机钢丝绳应无变形、打结、折弯、部分压扁、断股、电弧损坏等情况。

(6) 启闭设备转动轴、钢丝绳、转动轮、齿轮等需要润滑的部件润滑状况良好。

(7) 电阻器应保持清洁无污物。

2. 卷扬机巡检

(1) 电动机、控制柜应保持清洁干燥;不得有外接电线供电现象。

(2) 配电柜电压指示应正常。

(3) 控制柜显示屏及显示按钮等的状态应正常,无报警,各种声光电保护装置应可靠有效。

(4) PLC工作正常,无报警。

第 4 章
技术质量管理

4.1 设备技术改造管理

4.1.1 设备技术改造管理范围

工作装置、控制回路、自动装置、安全装置等二次设备的控制、报警、设备技术改造是指对生产设备和系统进行新装、改进(包括零部件及材料的改进与代用)、换型、转换、拆除等工作；机组自动化系统、计算机监控系统、保护装置、控制回路、自动装置、安全装置等二次设备的控制、逻辑与回路的改变等工作。

4.1.2 设备技术改造管理要求

1. 设备技术改造申请单(附件 A.1)和执行单(附件 D.1)是进行设备技术改造管理工作的重要依据，应严格按照设备技术改造申请单和执行单的要求认真填写。

2. 设备技术改造申请单应包括申请人、申请部门、申请时间、技改原因和技改项目具体内容(包括设备修改前情况、修改方案)等内容。

3. 由申请人提出设备技术改造申请，填写设备技术改造申请单，经申请部门领导审核同意后报综合部。

4. 综合部收到设备技术改造申请单后，根据技术改造方案内容明确重大或非重大等级，由综合部在 3 个工作日内组织相关人员召开技术改造专题讨论会进行审议。对于重大技术改造，必须由厂长、副厂长或总工程师主持专题讨论会审议、批准；对于非重大技术改造，由综合部组织相关人员召开专题讨论会审议、批准。

5. 重大设备技术改造是指由于进行新装、改进、改型、转换、拆除等工作而对设备、系统的设计结构、型式、性能等方面产生重大影响的设备改造和涉及监控系统上位机主要应用软件、主要参数、机组顺控流程、高压开关控制流程、事故停机回路、继电保护出口回路、BZT动作回路、其他设备主要控制回路等的修改以及自动化系统软件升级。

6. 技术改造申请审议完后由综合部在3个工作日内整理会议审议意见，经厂长、副厂长或总工程师批准同意后实施。如涉及费用较大或需要厂家及安装单位协助的，由综合部在3个工作日内行文报公司相关部门及公司领导会签、批准，待批准后再组织实施。

7. 设备技术改造申请批准后由综合部在3个工作日内下达设备技术改造执行单，执行单应明确执行人、执行部门、计划执行时间、最终审核确定的技改原因和技改项目具体内容（包括设备修改前情况和计划实施的技改方案），在执行单上加盖电厂公章后下达。

8. 技术改造执行单执行人除特殊情况下必须在10个工作日内严格按技术改造内容进行技改。必要时，执行人要负责做好相关试验和测量等环节工作。

9. 技术改造工作完成后，执行人应按质量验收标准进行自检，确认自检结果合格后才能向验收人员申请验收。质量验收卡由执行人进行填写，由综合部明确验收级别组织进行验收。

10. 验收人员要严格执行电厂技术质量验收管理规定，经检查不合格的项目或未达到质量标准的项目要及时进行改正，跟踪落实，确保设备技术改造执行单正确执行完成。

11. 执行人完成质量验收合格后应在执行单上签字，填写执行结果和实际完成时间，以证生效。

12. 各部门要及时跟踪技术改造单执行完后对运行设备产生的影响，若发现异常，应及时向厂部反映情况，经厂部组织讨论后作进一步修改或处理。

13. 重大技术改造项目完成后，执行负责人要编写技术改造报告，说明技改后的运行状况和技改最终结论，由综合部归档管理。

14. 技术改造执行完毕后必须在3个工作日内将执行单和质量验收卡上报综合部，交由综合部归档管理。

15. 技术改造完成后，综合部应于3个工作日内下发技术改造通知单

(附件B.1),对已执行的技术改造项目进行通告。各部门要对更改通知单及时归档保存,设专人负责技术管理工作,组织本部门人员了解掌握,并在日常工作中经常查阅。

16. 技术改造申请和执行原则上必须严格按技术改造管理流程(E.1)执行。在紧急情况下须进行技术改造,必须电话汇报部门领导、厂部值班负责人或厂领导同意后执行,执行完后及时补办技术改造申请单,按流程履行相关手续。

17. 除紧急情况外,技术改造执行人必须以技术改造执行单作为依据执行技改,工作许可人许可技术改造工作时亦以此作为工作许可的依据。

18. 技术改造通知单要及时撤旧换新,以保证正确性,且应定期进行整理,遇有与现场情况不符时,应及时核实后进行纠正。

4.2 定值管理

4.2.1 定值管理范围

工作装置、控制回路、自动装置、安全装置等二次设备的控制、报警、定值管理是指对设备技术参数修改,机组自动化系统、计算机监控系统、保护装置、安全自动化装置等二次设备的定值改变管理工作。

4.2.2 定值管理要求

1. 电厂定值管理工作由综合部归口管理,检修部和发电部协助管理。

2. 设备定值修改申请单(A.2)和执行单(D.2)是进行设备定值修改管理工作的重要依据,应严格按照设备定值修改申请单和执行单的要求认真填写。

3. 220 kV母线、线路保护定值,110 kV母线、线路保护定值、主变零序保护定值、计算机监控系统AGC、AVC定值等属调度管辖;属调度管辖范围内的定值修改以调度下达的修改通知单为准,由综合部直接下达执行单执行,定值修改后报综合部归档,并由综合部进行通报。不在调度管辖范围内的其他定值调整,须按照电厂规定的定值修改管理流程经申请、批准后执行。

4. 设备定值修改申请单应包括申请人、申请部门、申请时间、定值修改原因和定值修改项目具体内容(包括设备定值修改前情况、计划修改方案)等内容。

5. 检修部和发电部根据现场设备的运行状况提出设备定值修改申请,填写设备定值修改申请单,经部门审核同意后提交综合部。

6. 综合部在收到设备定值修改申请单后,根据定值修改内容明确重大或非重大等级,由综合部于 3 个工作日内组织相关人员召开技术改造专题讨论会进行审议。对于重大定值修改,必须由厂长、副厂长或总工程师主持专题讨论会审议、批准,对于非重大定值修改,由综合部组织相关人员召开专题讨论会审议、批准。

7. 设备定值修改申请经审核批准后,由综合部于 3 个工作日内下达定值修改执行单,执行单应明确执行人、执行部门、计划执行时间、最终审核确定的定值修改原因和定值修改项目具体内容(包括设备定值修改前情况和计划实施的定值修改方案),加盖电厂公章。

8. 定值修改执行单执行人除特殊情况下,必须在 3 个工作日内严格按定值修改内容进行技改。必要时,执行人要负责做好相关动作试验等环节工作。

9. 定值修改工作完成后,执行人应按质量验收标准进行自检,确认自检结果合格后才能向验收人员申请验收。质量验收卡由执行人进行填写,由综合部明确验收级别组织进行验收。

10. 验收人员要严格执行电厂技术质量验收管理规定。执行人完成质量验收后应在执行单上签字,填写执行结果和实际完成时间,以证生效。

11. 各部门要及时跟踪定值修改单执行完后对运行设备产生的影响,若发现异常,应及时向厂部反映情况,经厂部组织讨论后作进一步修改或处理。

12. 定值修改执行完毕后,必须将执行单和质量验收卡上报综合部。

13. 定值修改完成后,综合部应于 3 个工作日内下发定值修改通知单(B.2),对已执行的定值修改内容进行通告。各部门要对综合部通报的设备修改通知单及时归档保存。

14. 定值修改通知单要及时撤旧换新,以保证正确性,且应定期进行整理,遇有与现场情况不符时,应及时核实后进行纠正。设专人负责定值单管理,单独设置新、旧定值单台账(文件盒),并做好定值单目录,旧的定值单不得与新的定值单存放一起,对旧的定值单应作废处理或单独存放。

15. 定值修改申请和执行原则上必须严格按定值修改管理流程(E.2)执行。若在紧急情况下须进行定值修改,必须电话汇报部门领导、值班负责人或厂领导,经同意后方可执行。执行完毕后应及时补办定值修改申请单,按流程履行相关手续。

4.3 保护、自动化、安全自动装置投(退)管理

4.3.1 管理范围

工作装置、控制回路、自动装置、安全装置等二次设备的控制、报警、保护、自动化、安全自动装置投(退)管理是指 220 kV 系统、110 kV 系统、发电机保护、主变压器保护、发变组保护、10 kV 厂用电和 400V 厂用电系统等各种保护、自动化装置、安稳自动装置、自动重合闸装置、备自投装置等安全自动装置等的投、退(不包括只改变运行方式的自动化、保护和安全自动装置的投、退)。

4.3.2 管理要求

1. 保护、自动化、安全自动装置投(退)申请单(A.3 和 A.4)和执行单(D.3 和 D.4)是进行保护、自动化、安全自动装置投(退)管理工作的重要依据,应严格按照保护、自动化、安全自动装置投(退)申请单和执行单的要求认真填写。

2. 保护、自动化、安全自动装置投(退)申请单应包括申请人、申请部门、申请时间、投(退)装置名称、投(退)原因、投(退)本装置应采取的安全措施,以及申请投(退)开始和结束时间等内容。

3. 若为中调令时,当班值长指挥运行人员按中调要求进行投(退)操作,操作后进行投(退)登记。

4. 若非中调令但紧急情况时,运行人员或设备专责提出口头申请,当班值长核实情况,需经调度批准的向中调提出申请,经中调同意后指挥运行人员进行投(退)操作,操作完做好投(退)登记并在值班日志上记录清楚同意进行此项投(退)操作的值班领导或厂领导。

5. 若非中调令也并非紧急情况时,由申请人提出保护、自动化、安全自动装置投(退)申请,填写保护、自动化、安全自动装置投(退)申请单,经部门审核同意后提交综合部。

6. 综合部收到保护、自动化、安全自动装置投(退)申请单后,由综合部在 3 个工作日内组织相关人员召开技术改造专题讨论会进行审议、批准。

7. 保护、自动化、安全自动装置投(退)申请经审核批准后,由综合部在 3 个工作日内下达执行单。执行单应明确执行人、执行部门、计划执行时间、

最终审核确定的投(退)装置名称、投(退)本装置应采取的安全措施,并加盖电厂公章。

8. 保护、自动化、安全自动装置投(退)执行单执行人除特殊情况下必须在3个工作日内严格按装置投(退)内容进行。若需中调批准,值班人员必须经中调同意后执行。

9. 保护、自动化、安全自动装置投(退)工作完成后,执行人应按质量验收标准进行自检,确认自检结果合格后才能向验收人员申请验收。验收人员要严格执行电厂技术质量验收管理规定。

10. 执行人完成质量验收合格后应在执行单上签字,填写执行结果和实际完成时间,以证生效。

11. 保护、自动化、安全自动装置投(退)执行完毕后必须将执行单和质量验收卡上报综合部,由综合部进行通报。

12. 保护、自动化、安全自动装置投(退)执行完毕后,由综合部在3个工作日内下发保护、自动化、安全自动装置投(退)通知单(B.3和B.4),对已执行的保护、自动化、安全自动装置投(退)项目进行通告。各部门要对综合部通报的设备修改通知单及时归档保存,撤旧换新,以保证正确性,且组织本部门人员了解掌握,在日常工作中经常查阅。

13. 保护、自动化、安全自动装置投(退)申请和执行原则上必须严格按保护、自动化、安全自动装置投(退)管理流程(E.3)执行。

14. 除特殊情况外,保护、自动化、安全自动装置投(退)执行人必须以执行单作为依据执行装置投(退),工作许可人许可定值修改工作时亦以此作为工作许可的依据。

4.4 技术质量验收管理

4.4.1 管理原则

1. 技术质量验收管理实行三级质量验收,即班组、部门、厂部三级。
2. 各级质量验收人员一律实行签字责任制,即:"谁签字谁负责"。
3. 各级质量验收人员在验收时必须坚持"过程积极参与,质量严格控制"的原则。
4. 每项设备检修(包括技改和新增设备的安装)工作原则上都必须进行技术质量验收。

4.4.2 验收人员职责及要求

1. 工作负责人对检修人员的安全、检修工艺的正确性、技术记录的准确性、试验数据的真实性、检修现场的文明卫生负责,填写质量验收卡,提出验收申请,并参加验收。

2. 验收人员应对验收质量标准的正确性负责,审查验收质量标准是否符合国家标准和行业规程规范,验收的所有具体项目是否满足质量标准、技术记录是否齐全、检修工艺质量是否合格、试验数据是否在标准范围内、验收资料是否完整齐全等,必要时可以要求重做试验或增加试验、测量项目。

3. 上级质量验收人员有权对不属于本级验收的项目进行抽检,对于经检查不合格的项目,有权要求检修人员返工。

4. 质量验收人员对不符合检修工艺的操作方法有权提出否决,对未达到质量标准的项目或未填写验收卡的项目有权拒绝验收。

5. 各级质量验收人员负责在验收后根据检查情况作出验收结论并及时在验收卡上签字。

6. 各级质量验收人员必须严格把关,坚持原则,验收仔细到位,对所负责的检修项目的最终检修质量负责。

4.4.3 管理要求

1. 技术质量验收管理实行三级质量验收。一、二级验收项目由检修部或ON-CALL组组织验收,三级验收项目由厂部组织验收。

2. 凡是检修项目开工作票的,工作负责人必须要提交技术质量验收单开展验收工作。

3. 在每年年初,电厂明确公布各级技术质量验收资格人员名单及技术质量验收安排。年度检修前,电厂公布检修期间各级质量验收资格人员名单。

4. 质量验收卡验收标准由检修部在设备检修前提出,经厂部审核同意后执行。

5. 在年度检修期,质量验收级别随检修项目表一同下达,非检修期的项目质量验收级别由工作票签发人界定。

6. 质量验收人员应熟悉验收项目的技术业务、掌握设备的检修工艺规程和质量标准。

7. 质量验收人员要经常深入现场,随时掌握检修动态,主动帮助检修人员解决技术质量问题。

8. 工作时间长、前后工序互有影响等的同一项工作,必须分阶段进行验收时,可根据实际情况进行阶段验收,阶段验收时,相关质量验收人员必须在场并同意。

9. 检修期的一级验收项目,由检修项目工作负责人填写一级质量验收卡,会同一级质量验收人员对检修项目进行验收。检修定检的一级验收项目,由专责或班组长一级质量验收人员验收。ON-CALL组消缺的一级验收项目由ON-CALL组一级质量验收人员验收。

10. 检修期的二级验收项目,由检修项目工作负责人填写二级质量验收卡,会同各级质量验收人员对检修项目进行验收。检修定检和ON-CALL组的二级验收项目,由检修部技术主管及以上人员负责组织验收。

11. 检修期的三级验收项目,由检修项目工作负责人填写三级质量验收卡,会同一级、二级、三级质量验收人员对检修项目进行验收。检修定检和ON-CALL组的三级验收由厂领导及综合部领导负责验收。

12. 日常专项工作验收,一级由项目执行班组负责验收,二级由项目执行部门负责验收,三级由厂领导及综合部领导负责验收。

4.4.4　管理流程

1. 设备检修工作完成后,项目检修工作负责人按质量标准进行自检,在质量验收卡上填写检修情况及实测数据,自检合格后签字。

2. 工作负责人签字确认自检合格后,向质量验收人员申请验收。检修项目质量验收实行逐级申报的方法,只有在本级验收合格并签字后才能向上一级质量验收人员申请验收。

3. 检修项目质量验收工作(含检修期和非检修期)按验收级别验收结束后方可办理工作票结束手续,验收完后质量验收卡交由电厂综合部统一归档。

4. 设备检修项目有多道工序时,上一道工序未经检查验收或检查验收不合格的,下一道工序不得开工。

5. 对照质量验收标准,各级质量验收人员验收不合格的检修项目,要求检修人员进行返工处理,返工完成后,由工作负责人重新进行自检,自检合格后向质量验收人员申请重新验收。

4.5　技术资料管理

1. 技术资料包括设备的文书档案、科技档案以及声像和实物资料等,技术资料的管理应包括对资料文件的收集、整理、归档、保管、鉴定、统计,并提供查询和使用。

2. 综合部负责定期对技术资料管理工作进行监督和审查。

3. 综合部具体负责技术资料的整理和归档工作,设有专人专管,依据设备制定划分标准并进行分类整理。

4. 技术资料应及时收集、整理。对于设备的技术资料,一般应在资料形成 7 日内完成收集整理和存档工作。

5. 技术文件修改申请单(A.5)和执行单(D.5)是进行技术文件修改管理工作的重要依据,应严格按照技术文件修改申请单和执行单的要求认真填写。

6. 除设备技术改造外,需进行技术文件修改的,应提出技术文件修改申请,填写技术文件修改申请单。申请单应包含申请人、申请部门、申请时间、修改原因和修改项目具体内容(包括文件修改前情况、修改方案)等。

7. 综合部收到技术文件修改申请单后,根据技术文件修改方案内容明确重大或非重大等级,由综合部组织相关人员召开技术改造专题讨论会进行审议。对于重大技术文件修改,必须由厂长、副厂长或总工程师主持专题讨论会审议、批准;对于非重大技术文件修改,由综合部组织相关人员召开专题讨论会审议、批准。

8. 技术文件修改申请批准后,由综合部下达技术文件修改执行单。执行人执行完后在技术文件修改执行单上签名,注明执行时间和执行结果,将执行单报综合部,由综合部及时归档管理。必要时,应另出新图代替,原来图纸作废,新图纸列入原图目录,并注明所代替的原图图号,作废的图纸应注明新图的编号,根据需要另行保管。

9. 综合部下发技术文件修改通知单(B.5),对已执行的技术文件修改内容进行通告。各部门要对综合部通报的设备修改通知单及时归档保存。

10. 新建、扩建、改造工程等设备进行技术改造后,由该项目负责人负责竣工图纸技术资料的整理和归档工作,由厂部审核确认,上报总工程师批准后归档保存。

11. 对于扩建、重大技术改造、大小修规程、科研项目的说明书、图纸、设计变更、原始记录、设备及各种工程的验收文件资料等,由综合部负责上述技术资料的整理和归档工作,由厂部审核确认,上报总工程师批准后归档保存。

12. 借阅技术资料,必须征得资料管理员的同意,若需要借离,必须要履行借阅手续、进行登记后方可借出。任何人在查阅技术资料时,均应妥善保管,不能勾画、涂改、损坏或丢失,借阅完毕后应及时归还,任何人不能将图纸技术资料据为己有或造成技术资料损坏或丢失。

13. 技术资料管理应建立详细的管理档案,做好相关标记和清册、目录,实行集中管理。

14. 技术资料管理员应定期对技术资料进行整理、统计上报,并定期更新技术资料目录。

15. 技术资料管理员应做好技术资料及其档案备份和管理工作,备份应定期进行,防止重要技术资料的损坏和丢失。

16. 定期对技术资料进行清理。因设备改造等原因,对已经没有使用价值的原技术资料,应及时进行清理和删除。

17. 过期或作废技术资料的销毁及清除必须经得总工程师审批后方可执行,资料销毁清册应一式两份,以留存备查。

18. 厂部应定期对技术资料的完整性、准确性进行检查,并提出整改意见和考核意见。

4.6 电厂各部门主要职责

4.6.1 综合部职责

1. 负责制定电厂相关技术质量管理规定和组织开展电厂所有日常技术质量管理工作。

2. 负责收集各部门提出的技术申请单,明确申请单内容等级(重大或非重大),组织相关人员召开专题讨论会进行审议。

3. 负责整理审议意见,并下达执行单,明确执行人、执行部门、执行时间、最终审核确定的技术修改项目具体内容等。

4. 负责督促检查技术管理工作的执行情况,并对在技术管理规定执行过程中未严格执行本规定者,依照《电厂安全生产奖惩规定》按责任划分,对相关责任人员进行考核,提出考核意见。

5. 负责组织实施技术执行单执行后的质量验收工作,明确质量验收级别并通知各部门进行验收;负责每年颁布、明确三级质量验收人员资格名单。

6. 严格执行电厂技术质量验收管理规定。对于经检查不合格项目或未达到质量标准项目,应要求技术修改单执行人返工或拒绝在验收单上签字。

7. 负责向检修部和发电部以及厂部下发设备修改通知单。

8. 负责管理本厂技术修改申请单和执行单,做好接收、存档等工作。

9. 根据中调的要求,定期组织全厂自动化、保护和安全自动装置的检查,发现问题及时整改,按时上报检查情况。

10. 根据中调的要求,定期组织对线路重合闸和电网安全自动装置的检查,发现问题及时组织整改,按时上报检查情况。

11. 在重大的节日(如国庆、春节)或重大政治活动保电期前,组织检查全厂的继电保护定值和压板。

4.6.2 发电部职责

1. 根据设备维护、设备定检、点检状况和中调调度员直接下达的参数修改和保护、自动化装置投(退)通知,提出技术修改申请单。

2. 负责对各部门提出的技术申请单进行审核,提出明确修改意见。

3. 积极配合执行厂部下发的执行单,严格执行"两票"制度,确保执行过程中安全措施到位,检修人员工作安全。

4. 负责执行单执行后的质量验收工作,按质量验收级别安排本部门人员进行验收。

5. 负责查看技术改造执行完后对运行设备产生的影响,及时向厂部反映情况,记录相关报警或数据资料等信息,便于进一步分析情况。

6. 严格执行电厂技术质量验收管理规定。对于经检查不合格项目或未达到质量标准项目,应要求技术修改单执行人返工或拒绝在验收单上签字。

7. 对厂部通报的设备修改通知单及时归档保存,设专人负责技术管理工作,组织本部门所有值班人员学习和掌握,在日常工作中经常查阅。

8. 紧急接到中调调度员直接下达的参数修改和保护、自动化装置投(退)通知或紧急需要进行技术修改时,应严格执行,认真实施,并做好登记和归档工作。

9. 根据中调的要求,配合做好全厂自动化、保护和安全自动装置的检查或投、退的相关工作,发现问题及时整改。

10. 根据中调的要求,配合做好线路重合闸和电网安全自动装置检查的相关工作,发现问题及时整改,按时上报检查情况。

11. 在重大的节日(如国庆、春节)或重大政治活动保电期前,配合做好全厂的继电保护定值和压板及厂用电 BZT 电源自动投入装置动作试验检查的相关工作。

4.6.3 检修部职责

1. 根据设备维护、设备定检状况和中调下发的修改通知单,提出技术申请单。

2. 负责对各部门提出的技术修改单进行审核,提出明确修改意见。

3. 检修部接到执行单后,应及时组织安排执行人在规定的时间内进行技术修改。技术修改执行完后,应由执行人签字并交代执行结果,然后向综合部提出验收申请。

4. 负责跟踪技术执行单执行完后对运行设备产生的影响,及时向厂部反映情况,记录相关报警或数据资料等信息,便于进一步分析情况。

5. 严格执行电厂技术质量验收管理规定。负责技术修改过程中或质量验收时的试验和测量等验收环节工作,对于经检查不合格项目或未达到质量标准项目及时进行改正,跟踪落实,确保技术修改单正确执行完成。

6. 对厂部通报的设备修改通知单及时归档保存,设专人负责技术管理工作,组织本部门相关检修人员了解掌握,在日常工作中经常查阅。

7. 在紧急情况下须进行技术修改时,必须电话汇报部门领导和电厂领导,经同意后方可执行,执行完后及时补办技术修改申请单,报综合部归档和通报。

8. 检修人员完成执行单后必须在检修交代本上填写技术修改单内容、执行日期和执行结果,并及时上交回执单。

9. 设备修改通知单及时撤旧换新,设备台账也随之更新,以保证正确性。对执行单应定期进行整理,遇有与现场情况不符时,应及时核实后进行纠正。

10. 根据中调的要求,做好中调下发的修改通知单(如 110 kV 线路、220 kV 线路、主变保护、机组保护、母线保护、录波自动测距装置及机组远方切机装置等。

11. 根据中调的要求,做好全厂自动化、保护和安全自动装置的检查或投、退的相关工作,发现问题及时整改。

12. 根据中调的要求,做好线路重合闸和电网安全自动装置检查的相关工作,发现问题及时整改,按时上报检查情况。

13. 负责做好全厂的继电保护定值和压板的检查,并对厂用电 BZT 电源自动投入装置动作过程进行试验检查,发现问题及时整改,确保装置正常使用。

14. 在重大的节日(如国庆、春节)或重大政治活动保电期前,做好全厂的继电保护定值和压板及厂用电 BZT 电源自动投入装置动作试验检查的相关工作。

4.7 技术质量管理的考核

1. 在技术管理执行过程中，未严格遵守本规定的，有违章作业、违章操作、违章指挥尚未造成人身伤亡事故和设备事故者，依照《电厂安全生产奖惩规定》和《电厂反违章管理规定》，视情节轻重对相关责任人员扣罚 100～200 元，责令写出书面检查，同时取消月度评优资格。

2. 在技术管理执行过程中，未严格遵守本规定的，有违章作业、违章操作、违章指挥造成人身伤亡事故和设备事故者，根据事故调查组的调查报告结论，依照《电厂安全生产奖惩规定》按事故责任划分，对相关责任人员进行相应处罚。

3. 综合部收到设备技改、定值修改和保护、自动化、安全自动装置投（退）申请单后，无故未按时在 3 个工作日内组织相关人员召开技术改造专题讨论会进行审议，扣罚综合部 100 元，扣罚相关责任人 50 元。

4. 技术修改申请审议完后，综合部无故未按时在 3 个工作日内完成整理会议审议意见，报厂部同意实施，扣罚综合部 100 元。

5. 设备技术修改申请批准后，综合部无故未按时在 3 个工作日内下达技术修改执行单，扣罚综合部 100 元。

6. 综合部下达技术修改执行单后，执行人无故未按时执行完成技术修改工作任务的，扣罚执行部门 100 元，扣罚执行人 50 元。

7. 技术修改执行完毕后，无故未按时在 3 个工作日内将执行单和质量验收卡上报综合部，扣罚执行部门 100 元，扣罚执行人 50 元。

8. 技术修改执行单报综合部后，综合部无故未按时在 3 个工作日内下发设备修改通知单，扣罚综合部 100 元，扣罚相关责任人 50 元。

9. 除紧急情况外，技术修改执行人无故无执行单作为依据执行技术修改的，扣罚执行人 100 元；扣罚许可此项工作的工作许可人 100 元。

10. 对厂部通报的技术修改通知单，各部门未及时归档保存，未设专人负责技术管理工作或未及时组织本部门员工学习和掌握，扣罚责任部门 200 元。

11. 每年年初，综合部未及时明确公布各级技术质量验收资格人员名单，扣罚综合部 100 元，扣罚相关责任人 50 元。

12. 技术质量验收级别界定错误，扣罚相关责任人 50 元。

13. 检修项目工作完成后,工作负责人未组织质量验收或无质量验收卡就验收,工作许可人未收到质量验收卡就结束其工作票者,扣罚该工作负责人100元,扣罚办理此项工作结束手续的工作许可人100元。

14. 凡在质量验收技术记录和试验数据中未按验收标准和要求进行验收,弄虚作假者,一经发现,扣罚各相关验收责任人员每人100元,若由此导致事故或障碍发生的,根据事故和障碍处罚标准进行处罚。

15. 各级技术质量验收人员未能严格履行其职责,验收时未能严格把关,不坚持原则,验收不仔细到位,扣罚各相关验收责任人员每人100元。

16. 任何人在借阅技术资料时,私自勾画、涂改或将图纸技术资料据为己有者,一经发现,厂部将根据情节严重程度给予通报批评,造成损坏或丢失技术资料的,则由借阅人负全部赔偿责任。

4.8 反违章管理

4.8.1 概述

1. 违章是指职工在生产活动中一切违反国家、行业、上级以及电厂的有关安全生产的法律法规、规程制度、标准规范等的行为。

2. 反违章管理实行员工对班组、班组对部门、下级对上级的逐级负责制,做到职责明确、责任到位。

3. 反违章管理实行"双向"监督和管理,各级人员要相互帮助、互相监督,做到全员参加、全员管理。

4. 反违章既要坚持重奖重罚的原则,又要克服以罚代管或只罚不管的倾向。要注重教育和引导,提高职工遵章守规的思想意识和"三不伤害"的能力。

5. 对违章行为的查处要充分体现行政监督和群众监督相结合的原则,监督人员负有对违章人员的惩戒是否合法的检查和监督责任。

4.8.2 违章分类

1. 作业性违章是指在电力生产中,电厂员工不遵守安全规程,违反保证安全的各项规定、制度及措施的一切不安全行为。

2. 装置性违章是指工作现场的环境、设备、设施及工器具不符合有关安全工作规程、技术规程、劳动安全和工业卫生设计规程、施工现场安全规范等保证人身安全的各项规定的一切不安全状态。

3. 指挥性违章是指生产指挥人员违反劳动安全卫生法规、安全工作规程、技术规程及专为某项工作制定的安全技术措施进行劳动组织与指挥的行为。

4. 管理性违章是指从事电力生产、施工的各级领导者和行政、技术管理人员在落实国家、行业、公司有关安全生产责任制中不能真正到位,不能认真执行规程制度或借故不执行规程制度和某些规定,不结合本厂实际制定有关规程、制度和措施,并组织实施的行为。

4.8.3 管理机构及其职责

1. 反违章领导小组组长由厂长担任,成员由厂领导及各部门领导组成。

2. 反违章工作办公室(以下简称反违章办)设在综合部,成员由安生分部长、各部门负责人及其安全员组成。

3. 各部门要成立反违章工作小组,组长由部门负责人担任,具体负责本部门的反违章工作。

4. 反违章领导小组的职责

(1) 负责组织制定本厂的反违章管理规定,制定界定各类违章的标准及奖惩办法。

(2) 协调解决反违章工作所需的人、财、物及其他问题。

(3) 检查、监督反违章办及各部门的反违章工作开展情况,对反违章管理工作进行总结,提出改进管理的措施。

(4) 负责针对本厂的实际,制定、批准反违章活动的计划和方案。

(5) 讨论决定反违章的奖惩事宜。

(6) 督察厂领导及各部门负责人,杜绝作业性违章、管理性违章和指挥性违章。

5. 反违章工作办公室的职责

(1) 组织落实上级有关反违章工作的文件要求。

(2) 组织开展各种反违章的宣传教育活动。

(3) 定期检查各部门反违章工作的开展情况。

(4) 定期检查生产现场,及时指正各种违章行为。

(5) 对各部门的反违章工作及各种违章行为进行考核。

(6) 定期向反违章领导小组汇报工作开展情况。

6. 各生产部门反违章工作小组的职责

(1) 依据本规定制定本部门反违章工作的实施细则。

（2）组织落实厂部有关反违章工作的文件要求。

（3）组织开展各种反违章的学习教育活动，提高员工遵章守则的意识。

（4）定期检查本部门各班组反违章工作的开展情况。

（5）经常进行现场检查，及时指正各种违章行为。

（6）对本部门的反违章工作及违章情况进行总结和考核并及时上报反违章工作办公室。

4.8.4　教育培训

1. 各级领导要树立"爱护职工，保护职工"的观念，教育职工正确认识作业性违章的危害性，提高职工遵章守纪的自觉性，使各级领导和职工真正认识到只有认真贯彻执行安全工作规程，养成遵章习惯，纠正违章，才能更好地保护自己，做到"不伤害自己、不伤害他人，不被他人伤害"。

2. 运用安全录像警示片、幻灯片、电视、计算机多媒体、板报、实物、图片展览以及安全知识考试、演讲、竞赛等多种形式宣传、普及安全技术知识，进行有针对性、形象化的培训教育，使职工认清违章作业一害自己、二害家庭、三害集体的危害性，提高职工的安全意识和自我防护能力。

3. 对本厂内部及外部的典型事故案例进行通报批评，通过开展事故反思、违章行为曝光等方式，使职工认清违章行为的危害性，提高职工的安全意识。

4. 制订计划，组织开展各种安全技术、技能的安全知识培训，各部门要积极配合。

5. 各部门、班组要制订计划，结合实际，组织开展各种安全技术、业务技能及安全生产的规程、制度的学习培训。

6. 各部门、班组要对照本规定中的违章分类及举例，结合自身实际，经常发动职工，自上而下地查找违章行为的各种表现，分析违章原因，制定防止对策，针对性地开展反违章教育活动。

4.8.5　检查与监督

1. 反违章领导小组负责对全厂的反违章工作进行检查监督。

2. 反违章领导小组每季度检查反违章办及各部门的反违章工作开展情况，对反违章管理工作进行总结，提出改进管理的措施。

3. 反违章办负责对全厂各部门的反违章工作进行检查监督。

4. 反违章办每月一次检查监督各部门反违章工作的开展情况。反违章办每月不少于三次检查监督生产现场,及时指正各种违章行为。

5. 反违章办在每月的安全例会上向反违章领导小组汇报工作开展情况。

6. 各部门每月必须组织开展一次安全学习活动,重在分析讨论,总结经验,提高员工安全意识和工作技能。

7. 各部门反违章工作小组负责对本部门各班组反违章工作进行检查监督。

8. 各部门反违章工作小组每月不少于两次检查本部门各班组反违章工作的开展情况。

9. 各部门反违章工作小组每周不少于一次进行现场检查监督,及时指正各种违章行为。

10. 各部门反违章工作小组每月一次对本部门的反违章工作及违章情况进行总结和考核,并及时上报反违章工作办公室。

11. 班值长、各班值组安全员必须经常对本班组人员的工作现场进行巡视监督检查,及时指正各种违章行为。

12. 电厂各级人员都有相互检查、相互监督的责任,鼓励下级人员对上级人员的违章情况进行监督、指正。

4.8.6 考核

1. 考核原则

(1) 对检查发现的违章现象,无论何人(含外来作业人员)均须按规定进行处罚。

(2) 违章考核实行分级制,即:厂部考核部门,部门考核班组,班组考核个人。任何人均有对违章行为提出考核的权力,违章行为一经查证,要层层落实考核。

(3) 违章考核与部门、厂部量化考核、绩效优秀员工评选挂钩。

(4) 违章考核每月进行一次,在月度安全例会上提出违章考核内容,讨论确定违章惩处或奖励事项。

2. 奖励:根据《右江水利公司安全生产奖惩管理办法》规定:及时发现并制止违章行为(应提供违章行为及制止记录),避免生产安全事故事件发生的,每次给予个人奖励 200 元。

3. 惩处

(1) 根据《右江水利公司安全生产奖惩管理办法》规定:对各类违章行为(详见本章附录 F),部门自查发现的,每次处罚责任人 50~100 元;公司安全监督部检查发现的,处罚 100～200 元;上级单位、政府职能部门和公司领导督查中发现的,处罚 200～400 元。

（2）对在工作中出现的须及时改正的各类违章和不安全行为,以及须立即整改的安全隐患等,经安监下达整改通知两次仍不进行改正和整改的,将视情节轻重对其所属部门进行扣罚。

（3）因个人发生违章行为导致安全生产事故(特大事故、重大事故、较大事故和一般事故)发生,根据公司事故调查组的调查报告结论,按事故责任划分,根据《右江水利公司安全生产奖惩管理办法》相关条款进行处理。

附录 A 申请单

A.1：申请单 1

右江电厂设备技术改造申请单

编号：YD-SBJG-××××-××

申请人		申请部门	
申请时间			
技改项目名称			
技改原因			
技改项目具体内容	技改前		
	技改后		
部门审核		年　月　日	
厂部讨论会审意见			
讨论人员会签			
审　核		年　月　日	
批　准		年　月　日	

编号说明：YD：右江电厂
　　　　　SBJG：设备技术改造
　　　　　XXXX：修制年度号
　　　　　XX：文件顺序号

A.2：申请单2

右江电厂定值修改申请单

编号：YD-DZXG-××××-××

申请人		申请部门	
申请时间			
定值修改项目名称			
定值修改原因			
定值修改项目具体内容	修改前	定值修改前情况、修改方案等（可附页）	
	修改后	定值修改后情况、修改方案等（可附页）	
部门审核		年　　月　　日	
厂部讨论会审意见			
讨论人员会签			
审　核		年　　月　　日	
批　准		年　　月　　日	

编号说明：YD：右江电厂
　　　　　DZXG：定值修改
　　　　　XXXX：修制年度号
　　　　　XX：文件顺序号

A.3:申请单3

右江电厂自动化、继电保护和安全自动装置投入申请单

编号:YD-ZZTR-××××-××

申请人		申请部门	
投入原因			
投入本设备(装置)应采取的安全措施			
申请投入开始时间		申请投入结束时间	
部门审核		年　月　日	
厂部讨论会审意见			
讨论人员会签			
审核		年　月　日	
批准		年　月　日	

编号说明:YD:右江电厂
　　　　　ZZTR:装置投入
　　　　　XXXX:修制年度号
　　　　　XX:文件顺序号

A.4:申请单4

右江电厂自动化、继电保护和安全自动装置退出申请单

编号:YD-ZZTC-××××-××

申请人		申请部门	
退出原因			
退出本设备(装置)应采取的安全措施			
申请退出开始时间		申请退出结束时间	
部门审核		年 月 日	
厂部讨论会审意见			
讨论人员会签			
审核		年 月 日	
批准		年 月 日	

编号说明:YD:右江电厂
　　　　ZZTC:装置退出
　　　　XXXX:修制年度号
　　　　XX:文件顺序号

A.5：申请单5

右江电厂技术文件修改申请单

编号：YD-WJXG-××××-××

申请人		申请部门	
申请时间			
文件修改项目名称			
修改原因			
修改具体内容	修改前	文件修改前情况、修改方案等（可附页、附图）	
	修改后	文件修改后情况、修改方案等（可附页、附图）	
部门审核		年　　月　　日	
厂部讨论会审意见			
讨论人员会签			
审　核		年　　月　　日	
批　准		年　　月　　日	

编号说明：YD：右江电厂
　　　　　WJXG：文件修改
　　　　　XXXX：修制年度号
　　　　　XX：文件顺序号

附录 B　通知单

B.1：通知单 1

右江电厂设备技术改造通知单

编号：YD-SBJG-××××-××

技改项目名称		
技改原因		
技改项目具体内容	技改前	
	技改后	
发电部签收		
检修部签收		
综合部签收		

编号说明：YD：右江电厂
　　　　　SBJG：设备技术改造
　　　　　XXXX：修制年度号
　　　　　XX：文件顺序号

B.2:通知单2

右江电厂定值修改通知单

编号:YD-DZXG-××××-××

定值修改项目名称		
定值修改原因		
定值修改项目具体内容	修改前	定值修改前情况、修改方案等(可附页)
	修改后	定值修改后情况、修改方案等(可附页)
发电部签收		
检修部签收		
综合部签收		

编号说明:YD:右江电厂
  DZXG:定值修改
  XXXX:修制年度号
  XX:文件顺序号

B.3:通知单 3

右江电厂自动化、继电保护和安全自动装置投入通知单

编号:YD-ZZTR-××××-××

装置投入项目名称			
投入原因			
投入本设备(装置)应采取的安全措施			
投入开始时间		投入结束时间	
发电部签收			
检修部签收			
综合部签收			

编号说明:YD:右江电厂
　　　　　ZZTR:装置投入
　　　　　XXXX:修制年度号
　　　　　XX:文件顺序号

B.4：通知单 4

右江电厂自动化、继电保护和安全自动装置退出通知单

编号：YD-ZZTC-××××-××

装置退出项目名称	
退出原因	
退出本设备（装置）应采取的安全措施	

退出开始时间		退出结束时间	
发电部签收			
检修部签收			
综合部签收			

编号说明：YD：右江电厂
　　　　　ZZTC：装置退出
　　　　　XXXX：修制年度号
　　　　　XX：文件顺序号

B.5:通知单5

右江电厂技术文件修改通知单

编号:YD-WJXG-××××-××

文件修改项目名称		
修改原因		
修改具体内容	修改前	含修改前情况、修改方案等(可附页、附图)
	修改后	含修改后情况、修改方案等(可附页、附图)
发电部签收		
检修部签收		
综合部签收		

编号说明:YD:右江电厂
　　　　WJXG:文件修改
　　　　XXXX:修制年度号
　　　　XX:文件顺序号

附录C 设备技术改造表

右江电厂设备技术改造报告

编号:YD-JGBG-××××-××

技改执行人		技改执行时间	
技改项目名称			
技术改造概况	变更内容(可另附图及相关资料)		
技改结论			
审　核		年　　月　　日	
批　准		年　　月　　日	

编号说明:YD:右江电厂
　　　　　JGBG:技改报告
　　　　　XXXX:修制年度号
　　　　　XX:文件顺序号

附录 D　执行单

D.1：执行单 1

右江电厂设备技术改造执行单

编号：YD-SBJG-××××-××

执行人		执行部门	
计划执行时间			
技改项目名称			
技改原因			
技改具体内容	技改前	含设备技改前情况、技改方案等（可附页、附图）	
	技改后	含设备技改后情况、技改方案等（可附页、附图）	
执行结果 （未完成注明原因）			
执行完成时间		年　　月　　日　　时	
执行人签名		年　　月　　日	

编号说明：YD：右江电厂
　　　　　SBJG：设备技术改造
　　　　　XXXX：修制年度号
　　　　　XX：文件顺序号

D.2：执行单2

右江电厂定值修改执行单

编号：YD-DZXG-××××-××

执行人		执行部门	
计划执行时间			
定值修改项目名称			
修改原因			
定值修改项目具体内容	修改前	定值修改前情况、修改方案等（可附页）	
	修改后	定值修改后情况、修改方案等（可附页）	
执行结果 （未完成注明原因）			
执行完成时间		年　月　日　时	
执行人签名		年　月　日	

编号说明：YD：右江电厂
　　　　　DZXG：定值修改
　　　　　XXXX：修制年度号
　　　　　XX：文件顺序号

D.3:执行单3

右江电厂自动化、继电保护和安全自动装置投入执行单

编号:YD-ZZTR-××××-××

执行人		执行部门	
计划执行时间			
装置投入项目名称			
投入原因			
投入本设备(装置)应采取的安全措施			
投入开始时间		投入结束时间	
执行结果 (未完成注明原因)			
执行完成时间		年　月　日　时	
执行人签名		年　月　日	

编号说明:YD:右江电厂
　　　　ZZTR:装置投入
　　　　XXXX:修制年度号
　　　　XX:文件顺序号

D.4:执行单4

右江电厂技术文件修改执行单

编号:YD-WJXG-××××-××

执行人		执行部门	
计划执行时间			
文件修改项目名称			
修改原因			
修改具体内容	修改前	含修改前情况、修改方案等(可附页、附图)	
	修改后	含修改后情况、修改方案等(可附页、附图)	
执行结果 (未完成注明原因)			
执行完成时间		年　月　日　时	
执行人签名		年　月　日	

编号说明:YD:右江电厂
　　　　　WJXG:文件修改
　　　　　XXXX:修制年度号
　　　　　XX:文件顺序号

附录 E 流程图

E.1:设备技术改造管理流程图

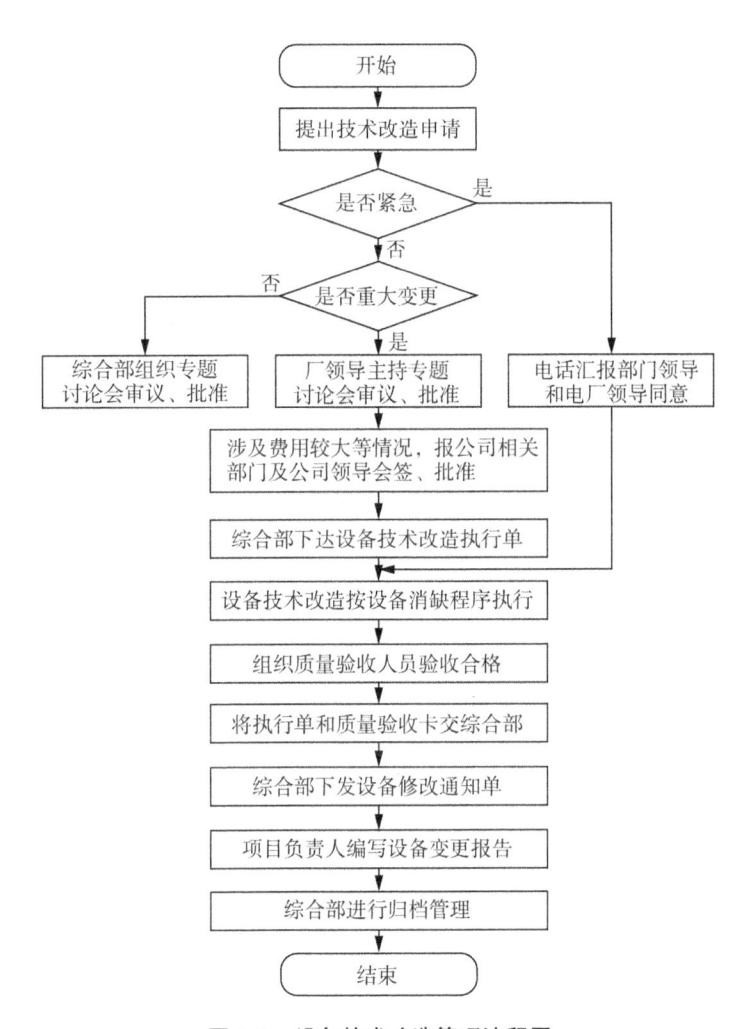

图 4.1 设备技术改造管理流程图

备注:情况紧急时,设备技术改造可不填写申请单,但必须电话汇报部门领导、值班负责人或厂领导,经同意后方可执行,执行完后及时补办技术改造申请单,按流程履行相关手续。

E.2:技术文件修改管理流程图

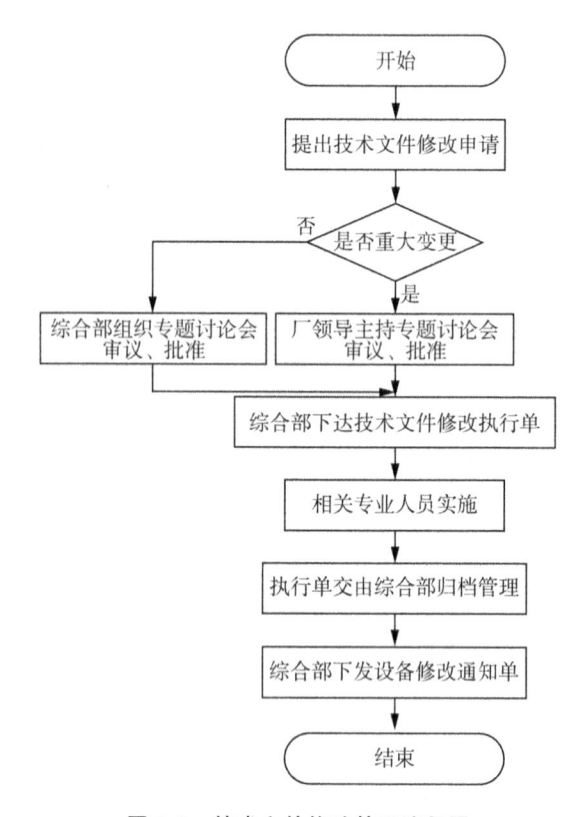

图 4.2　技术文件修改管理流程图

备注：情况紧急时，设备定值修改可不填写申请单，但必须电话汇报部门领导、值班负责人或厂领导，经同意后方可执行。执行完毕后及时补办设备定值修改申请单，按流程履行相关手续。

E.3：自动化、保护和安全自动装置投(退)管理流程图

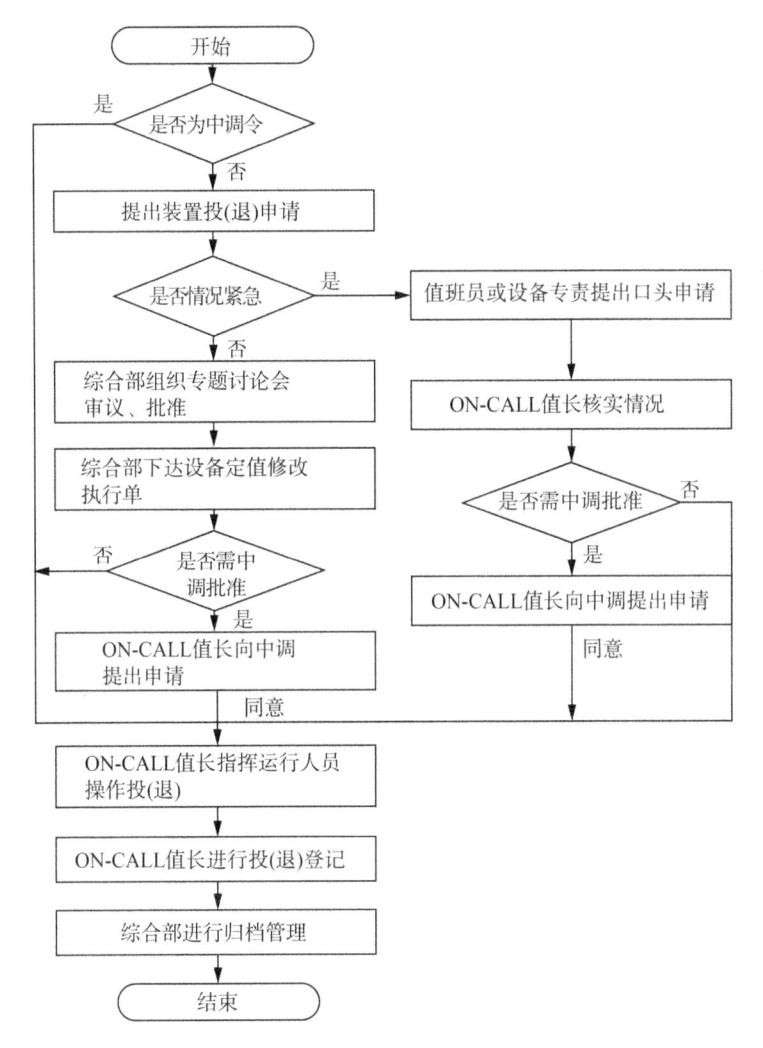

```
                开始
                 │
                 ▼
       ┌──是──是否为中调令
       │         │否
       │         ▼
       │    提出装置投(退)申请
       │         │
       │         ▼
       │    是否情况紧急──是──▶值班员或设备专责提出口头申请
       │         │否                    │
       │         ▼                      ▼
       │   综合部组织专题讨论会      ON-CALL值长核实情况
       │   审议、批准                   │
       │         │                      ▼
       │         ▼                 是否需中调批准──否──┐
       │   综合部下达设备定值修改       │是            │
       │   执行单                       ▼              │
       │         │              ON-CALL值长向中调提出申请
       │         ▼                     │同意           │
       └◀──否──是否需中调批准          │              │
                 │是                   │              │
                 ▼                     │              │
          ON-CALL值长向中调             │              │
          提出申请                      │              │
                 │同意                  │              │
                 ▼◀─────────────────────┴──────────────┘
          ON-CALL值长指挥运行人员
          操作投(退)
                 │
                 ▼
          ON-CALL值长进行投(退)登记
                 │
                 ▼
          综合部进行归档管理
                 │
                 ▼
                结束
```

图 4.3　自动化、保护和安全自动装置投(退)管理流程图

备注：1. 若为中调令，值长根据中调令直接进行自动化、保护和安全自动装置投退操作；

　　　2. 若为非中调令但紧急情况时，可不填写装置投(退)申请单，但必须电话汇报部门领导、值班负责人或厂领导，经同意后方可执行；

　　　3. 若非中调令且非紧急情况时，必须填写装置投(退)申请单，履行相应流程。

E.4:技术质量验收管理流程图

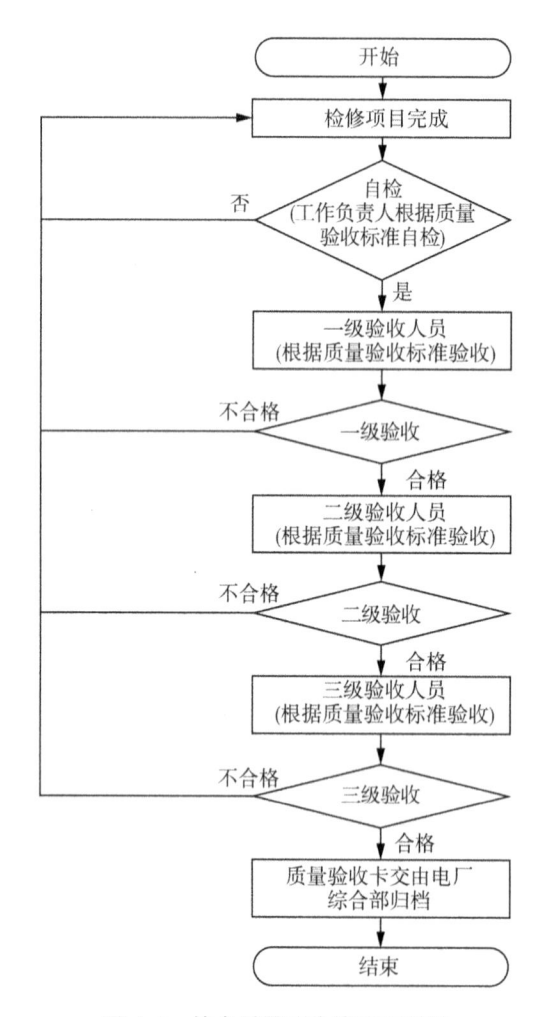

```
开始
  ↓
检修项目完成 ←────┐
  ↓              │
自检             │
(工作负责人根据质量   │否
验收标准自检)       │
  ↓ 是           │
一级验收人员        │
(根据质量验收标准验收) │
  ↓              │
一级验收 ──不合格──┤
  ↓ 合格         │
二级验收人员        │
(根据质量验收标准验收) │
  ↓              │
二级验收 ──不合格──┤
  ↓ 合格         │
三级验收人员        │
(根据质量验收标准验收) │
  ↓              │
三级验收 ──不合格──┘
  ↓ 合格
质量验收卡交由电厂
综合部归档
  ↓
结束
```

图 4.4 技术质量验收管理流程图

附录 F 违章行为和表现

F.1 常见的违章行为

1. 常见的严重违章行为

（1）生产作业现场从事生产作业无票工作。

（2）生产作业现场（特别是靠近带电设备）从事生产作业无人监护。

（3）高空作业不戴安全帽，不系安全带或安全绳。进入工作现场（特别是高空作业现场）、检修现场、施工现场不戴安全帽。

（4）违反"安规"无票操作或操作时无人监护。

（5）强行解除闭锁装置进行操作或操作中遇到问题不停止，强行操作。

（6）工作票或作业现场所采取的安全措施严重缺漏。

（7）重大操作、施工无技术措施和组织措施及危险点分析。

（8）工作负责人擅自离开工作现场。

（9）动火作业不办理动火工作票。

（10）高空作业人员不用绳索传递工具、材料，随手上下抛掷东西，或高空作业的工器具无防坠落措施。

（11）设备检修不按"安规"规定办理有关手续，擅自变动安全措施或扩大工作范围。

（12）巡视高压设备时擅自打开柜（网）门越过遮栏或从事修理工作。

（13）在高压设备上工作不经验电、不挂地线即进行作业。

（14）安全措施未全部恢复以前即对设备送电。

（15）倒闸操作中监护人做与监护无关的工作或擅自离去，使操作失去监护及监护不到位。

（16）带电作业或高压试验工作，未按有关规程规定进行或无人监护或未听从监护人指挥自行操作。

（17）在带电设备附近进行起吊作业，安全距离不够或无监护。

（18）设备工作完毕，未办理工作票终结手续就对停电设备恢复送电。

（19）起重作业地面无人指挥、监护或没有统一明确的指挥信号。

（20）对有压力、带电、充油的容器及管道施焊。

（21）在易燃物品及重要设备上方进行焊接，下方无监护人，未采取防火等安全措施。

（22）在金属容器内同时进行电焊、气焊、气割或进行其他工作，入口处无人监护。

（23）发放、使用未经试验合格或超过试验周期不合格的液化气瓶、罐。

（24）水上作业不佩戴救生设备，没有其他救生措施。

（25）酒后上班或酒后作业、冒险作业。

（26）违反规定驾驶车辆或擅自将车辆交他人驾驶。

（27）发生本厂认定的责任二类障碍。

（28）发生严重未遂事故。

（29）其他经厂部认定的违反各种安全生产规程、制度的情节较严重的行为。

2. 常见的一般违章行为

（1）进入生产现场未正确佩戴安全帽，进入作业现场工作未正确穿戴合格的工作服和安全帽。

（2）非厂部明文公布的人员担任工作票签发人、工作负责人、工作许可人办理工作票。

（3）工作票签发和许可存在漏项，安全措施不全。

（4）工作负责人未交代工作内容、安全措施、注意事项，便盲目开工。

（5）未经许可人同意，擅自扩大工作范围或削弱安全措施。

（6）不执行安全规程或对现场不了解情况的违章指挥。

（7）工作许可人没有会同工作负责人一同到现场检查安全措施及交代安全注意事项，便签字许可工作。

（8）工作许可人、工作负责人未共同到现场检查验收就办理工作终结手续。

（9）生产现场外包工程施工人员，从事危险复杂的工作应设而未设监护人或无人监护。

（10）工作人员在未办理工作许可前进入作业现场或跨越安全遮栏。

（11）检修现场、施工现场未做到"工完、料尽、场地清"。

（12）未经许可单独进入高压配电室、开关站。

（13）防误闭锁装置钥匙未按规定使用。

（14）未经批准解除设备连锁、报警、保护装置。

（15）倒闸操作不执行"三核对"和"唱票复诵制"，不戴绝缘手套。

（16）带电设备周围使用钢（卷）尺进行测量工作。

（17）未经运行值班人员许可，在低压回路上私拉、私接临时电源。

（18）施工现场临近带电设备却未设围栏和悬挂警示牌等。

（19）使用金属外壳未接地的电动工具和不用有漏电保护器的电源箱，使用的电气开关、电源线绝缘损坏或带电部分外露。

（20）使用不经检验合格的各式起重机具或超铭牌使用。

（21）使用不合格安全工器具以及各种手动、电动机具。

（22）使用不合格自动升降机（平台），或使用自动升降机（平台）时无人监护。

（23）使用不合格的梯具，或使用梯具时无人监护。

（24）安全工器具不按规定试验或试验无记录、无管理台账，安全工器具无编号。

（25）电动工器具、登高工具、起重工具使用前不按规定进行检查。

（26）使用未经试验合格或超期限的电气绝缘工具、电动工器具、起重工具、登高工具。

（27）检修现场、施工现场的孔、洞、沟未设安全围栏，夜间无安全警示灯。

（28）检修工作时打开的电缆孔、洞、沟，检修工作结束后未及时封堵。

（29）利用管道、栏杆和脚手架等悬吊重物。

（30）在检修现场不按规定使用行灯。

（31）高空作业不用绳索传递工具、材料，使用不合格的起重工具进行起重作业。

（32）高空作业区域地面不设围栏，登高或登杆前未做认真检查、擅自拆除或挪动安全警戒装置。

（33）在没有装设遮栏的高空平台或脚手架上工作。

（34）氧气瓶与乙炔瓶混装、混放、安全距离不够。

（35）焊接、切割工作前未清理周围的易燃物，工作结束后未检查清理遗物。

（36）在金属容器内同时进行电焊、气焊和气割、油漆等工作时，没有通风措施和防火措施。

（37）在严禁烟火的场所，使用汽油或其他易燃易爆物进行清洗工作。

（38）未按有关防火、防爆规定存放易燃易爆物品。

（39）在易爆、易燃区携带火种、吸烟、动用明火及穿带铁钉的鞋。

（40）没有使用或不正确使用劳动保护用品，如使用砂轮、车床时不戴护目眼镜，使用钻床、打大锤时不戴手套等。

（41）未正确着装，在现场穿高跟鞋、凉鞋、裤头、背心、裙子，女同志未将辫子或齐肩发盘在工作帽内。

（42）其他违反各种安全生产规程、制度的行为。

F.2:常见违章行为的主要表现

1. 作业性违章

（1）不按操作规定和规程进行操作。

（2）不按规定使用个人劳动安全卫生防护用品。

（3）着装不符合规定。

（4）作业中攀、坐、站、倚、行的位置或姿态，不符合安全规定。

（5）随意挪用现场安全设施或损坏现场安全标志。

（6）吊物、传运物件的操作方法，违反规程规定。

（7）起重作业操作方法、指挥信号违反规程或现场施工安全操作措施规定。

（8）使用的安全工具、安全用具不合格。

（9）工作中不遵守劳动纪律，从事与生产无关的活动。

（10）其他不符合"三不伤害"的作业行为。

2. 装置性违章

（1）安全防护装置不全、有缺陷或不符合规程规定。

（2）安全标志、设备标志不全、不清晰或不符合规定。

（3）作业现场不能保证满足规程规定的安全距离。

（4）生产、施工现场的安全设施不全或不符合规程规定。

（5）生产、施工场地环境不良。

（6）施工机具、设备、工器具、脚手架结构等不符合安全要求或强度不够。

（7）安全防护用品、用具配备不全、数量不足、质量不良。

（8）易燃易爆区、重点防火区，防火设施不全或防火措施不符合规定要求。

（9）易燃易爆物品存放位置、地点、环境不符合安全规定。

（10）设备在非安全状态下运行。

3. 指挥性违章

（1）指派不具备安全资格的人员上岗，不考虑工人的工种与技术等级进行分工。

（2）没有工作交底，没有安全技术措施，没有创造生产安全的必备条件，或应办工作票、操作票、安全施工作业票而不办，即组织生产工作。

(3）擅自变更经批准的安全技术措施或工作票、操作票、安全施工作业票。

(4）不按"安规"要求填写、签发工作票、操作票、安全施工作业票等。

(5）对职工发现的装置性违章和技术人员拟定的反装置性违章措施不闻不问，不组织消除。

(6）擅自决定变动、拆除、挪用或停用安全装置和设施。

(7）决定设备带病运行、超出力运行，而没有相应的技术措施和安全保障措施，或是让职工冒险作业。

(8）不按规定给职工配备必须佩带的劳动安全卫生防护用品。

(9）不顾职工身体特殊情况，强令加班加点，超负荷劳动。

(10）发布其他违反劳动卫生安全法规、条例、《电业安全工作规程》、《电力建设安全工作规程》的指令的行为。

4. 管理性违章

(1）对国家、行业、国电公司、省公司有关法规、安全生产规章制度、重要文件等未组织贯彻落实。

(2）未能履行安全生产职责，工作不到位，安全生产工作无人负责。

(3）没有能够及时制定、修订有关规程，使有关安全生产工作无章可循或与实际不符。

(4）对安全生产中出现的倾向性问题、深层次问题、存在的薄弱环节或其他急需解决的问题，未及时研究，加以改进和解决。

(5）对下级反映的需要协助解决的安全生产工作，不能及时研究、答复和协助解决。

(6）有章不循或对有章不循的情况或现象不闻不问、听之任之。

(7）对事故、障碍，大事化小，小事化了，未能按"三不放过"的原则认真对待。

(8）企业没有设立独立的安全监督机构或主要生产车间、班组未设安全员。

(9）遇安全问题以自己是管生产、管技术或管其他业务为由推脱，认为是安全部门的事，应由安全管理领导解决。

第 5 章
设备缺陷管理

5.1 设备缺陷的基本定义

5.1.1 设备缺陷管理

设备缺陷管理包括从设备缺陷的发现、登记、确认、鉴定、消除、验收、评价、分析、预防、控制、统计、考核的全过程闭环管理。

5.1.2 设备缺陷定义

设备缺陷是指影响机组主辅设备、公用系统安全经济运行,影响建、构筑物正常使用和危及人身安全的异常现象等。

5.1.3 设备缺陷分类

当班 ON-CALL 组长根据缺陷对设备安全运行的影响程度对缺陷进行分类,涉及系统的二类缺陷必须汇报电网调度,同时汇报厂部 ON-CALL 值班领导。

设备缺陷分为直接影响设备安全运行的设备缺陷、不直接影响设备安全运行的缺陷和设备异常缺陷。

1. 直接影响设备安全运行的设备缺陷分为以下三类,是重点消除和考核的设备缺陷。

(1) 一类缺陷:是指直接危及设备和人身安全,需要立即处理的缺陷。

(2) 二类缺陷:是指设备处于异常运行状态,对机组和系统安全运行有重大威胁的缺陷。

（3）三类缺陷：是指设备有异常现象，目前对机组和系统安全运行影响不大，但长期运行会使设备逐步损坏或影响系统安全运行，继而发展为二类缺陷的缺陷。

2. 不直接影响设备安全运行的缺陷（如门窗玻璃损坏、灯泡不亮等）按三类缺陷要求进行消除和考核。

3. 设备异常缺陷是指设备运行参数或试验数据虽未超出规程规定，但已发生较明显的劣化趋势，或设备状态出现异常，需要监督运行的缺陷。要将设备异常缺陷与直接影响设备安全运行的设备缺陷同等对待。

5.2 缺陷处理方式

1. 设备缺陷管理工作由各生产部门共同组织实施，发电部为归口管理监督部门。

2. 缺陷处理方式分为延期处理和正常处理。

（1）延期处理：缺陷延期处理是指经相关专业技术人员检查控制后，确因条件不具备不能立即处理的缺陷，包括停电（停机）处理、技改和随同年度检修处理（指当前不具备条件，或必须经过大小修或更新改造才能消除的缺陷）及备品备件不满足条件。

（2）正常处理：正常处理是指除上述处理方式以外的能够直接消除的缺陷。

5.3 设备缺陷岗位职责

5.3.1 厂长职责

1. 批准设备缺陷管理制度的颁布实施。

2. 督促设备缺陷管理各级人员尽心尽责，做到奖优惩劣，提高各级人员查隐消缺的积极性。

3. 主持月度安全生产总结会、重大设备缺陷和隐患的处理分析会，并监督、落实奖罚条款的考核。

4. 审查重大设备缺陷和隐患的处理方案及处理计划，并组织、协调、督促各方及时解决设备缺陷问题。

5. 每天登录 MIS 系统,了解设备运行状况和缺陷处理情况。

5.3.2　副厂长职责

1. 组织贯彻执行设备缺陷管理制度。
2. 督促设备缺陷管理各级人员尽心尽责,做到奖优惩劣,提高各级人员查隐消缺的积极性。
3. 参加或主持月度安全生产总结会、重大设备缺陷和隐患的处理分析会,并监督、落实奖罚条款的考核。
4. 组织和安排重大设备缺陷处理及验收工作。
5. 每天登录 MIS 系统,了解设备运行状况和缺陷处理情况。

5.3.3　总工程师职责

1. 组织贯彻执行设备缺陷管理制度。
2. 主持研究解决处理设备缺陷的技术难题。
3. 批准处理重大设备缺陷和隐患的技术方案及特殊的运行方案。
4. 批准需大小修或技改的延期缺陷在消缺前的防范措施和处理技术方案。
5. 参加月度安全生产总结会、重大的设备缺陷和隐患的处理分析会。
6. 每天登录 MIS 系统,了解设备运行状况和缺陷处理情况。

5.3.4　厂部 ON-CALL 值班领导职责

1. 组织贯彻执行有关保证设备安全运行的指标及规定。
2. 按照"零星小缺陷不过班,三类缺陷不过夜,危及安全运行的一类缺陷迅速处理"的原则,负责组织安排、指导、督促值班期间 ON-CALL 组及时落实消缺工作。
3. 主持召开值班期间的 ON-CALL 例会,听取缺陷处理情况汇报及建议。
4. 审批设备缺陷和隐患的处理方案、处理计划。
5. 主持研究、解决 ON-CALL 会上须处理的缺陷问题。
6. 对值班期间申请延期处理的缺陷进行鉴定,提出审核意见。
7. 组织和安排设备缺陷处理和验收工作。

5.3.5　ON-CALL 组职责

1. ON-CALL 组长(副组长)职责

(1) 按照电厂 ON-CALL 值班制度,组织、布置落实 ON-CALL 组认真完成设备巡检和缺陷消除工作。

(2) 深入现场,熟悉设备运行状况,做好设备缺陷确认工作,组织 ON-CALL 组成员及时处理设备缺陷。

(3) 组织实施设备消缺所需的安全隔离措施,指导、配合做好设备消缺工作。

(4) 对于一类缺陷,ON-CALL 组长(副组长)要及时检查现场、记录并汇总现场设备及计算机监控系统运行数据和报警信息、做好分析判断及下一步的处理工作。

(5) 组织做好设备缺陷处理验收工作。

(6) 对危及人身或设备安全的问题,果断处理或采取相应防范措施,防止处理前缺陷进一步扩大。

2. ON-CALL 组成员职责

(1) 严格遵守运行规程及有关安全的各种规章制度,认真监视设备的运行情况。设备异常时,要增加巡回检查频次。

(2) 按规定做好定期巡回检查工作,及时发现设备缺陷。

(3) 做好设备缺陷的登记、确认工作,积极参与设备缺陷处理工作。

(4) 参与各类设备缺陷处理的验收工作,提醒设备缺陷处理人员的作业交代应规范、完整。

(5) 应积极主动参与设备消缺环节中的现场检查、相关报警信息及数据的分析和处理工作。

5.3.6　综合部各级人员的职责

1. 部长(副部长)职责

(1) 组织贯彻《设备缺陷管理制度》,严格执行相关管理规定。

(2) 参加电厂月度安全生产总结会、重大的设备缺陷和隐患的处理分析会。

(3) 参与制定一类、二类缺陷处理的技术方案。

(4) 组织、协调、督促各部门按审批的方案及时消缺。

(5) 审核处理重大的设备缺陷和隐患的技术方案及特殊的运行方案;审

核需大小修或技术改造的延期缺陷在消缺前的防范措施和处理方案。

（6）每天登录 MIS 系统，了解设备运行状况和缺陷处理情况，跟踪缺陷的处理进度。

2. 生产（安全）主管工程师职责

（1）负责设备缺陷鉴定的具体管理工作，并将缺陷鉴定结果汇报给部门领导。

（2）每天登录 MIS 系统，了解设备运行状况和缺陷处理情况，并对日常消缺状况进行追踪。

（3）参加电厂月度安全生产总结会、重大的设备缺陷和隐患的处理分析会。

（4）参与制定一类、二类缺陷处理的技术方案。

（5）负责跟踪关注延期缺陷是否满足条件，若满足条件后及时向部长（副部长）汇报，提请部长（副部长）启动消缺程序。

（6）对缺陷闭环管理进行全过程监督，每月 5 日前负责将上月的缺陷处理完成或延期情况及原因分析、纠正措施和预防措施、消缺管理考核奖罚意见等进行统计汇总，向本部门提交设备缺陷管理考核报告，本部门于每月 8 日前审核完并提交厂部。

5.3.7 发电部各级人员职责

1. 部长（副部长）职责

（1）组织部门人员贯彻执行《设备缺陷管理制度》，督促本部门人员做好设备缺陷的登记、确认、处理等工作。

（2）参加月度安全生产总结会、重大的设备缺陷和隐患的处理分析会，提出本部门在设备管理方面的意见。

（3）做好一类、二类缺陷处理的现场协调工作，并关注处理结果情况，对需特殊方式或条件方能处理的缺陷，应根据运行情况做好组织策划方案，条件成熟时通知综合部启动消缺。

（4）审核机组特殊的运行方案或运行方式。

（5）每天登录 MIS 系统，了解设备运行状况和缺陷处理情况，并对延期缺陷进行追踪检查。

（6）签署申请延期处理的缺陷的鉴定意见。延期的缺陷满足条件后及时启动，报告厂部 ON-CALL 值班领导指派人员消缺。

（7）对缺陷闭环管理进行全过程监督，审核设备缺陷管理考核报告，报厂部批准后执行。

2. 技术主管工程师职责

（1）负责设备缺陷鉴定的具体管理工作，并将缺陷鉴定结果汇报给部门领导。

（2）每天登录 MIS 系统，了解设备运行状况和缺陷处理情况，并对日常消缺状况进行追踪。

（3）参加电厂月度安全生产总结会、重大的设备缺陷和隐患的处理分析会。

（4）参与制定一类、二类缺陷处理的技术方案。

（5）负责跟踪关注延期缺陷是否满足条件，若满足条件后及时向部长汇报，提醒部长启动消缺程序。

（6）对缺陷闭环管理进行全过程监督，每月 5 日前负责将上月的缺陷处理完成或将延期情况及原因分析、纠正措施和预防措施、消缺管理考核奖罚意见等进行统计汇总，及时向部门提交设备缺陷管理台账。

（7）每天登录 MIS 系统，了解设备运行状况和缺陷处理情况，并深入现场对本部门缺陷执行情况进行监督和追踪落实。

（8）监督运行人员将缺陷正确、完整地填写并录入 MIS 系统，对有疑问的缺陷进行现场核实。

（9）参与制定机组特殊的运行方案或运行方式。

5.3.8 检修部各级人员职责

1. 部长（副部长）职责

（1）组织部门人员贯彻执行《设备缺陷管理制度》。

（2）每天登录 MIS 系统，了解设备运行状况和缺陷处理情况，并对缺陷处理情况进行追踪。

（3）根据 ON-CALL 消缺工作的要求，安排部门人员组织或参与二级、三级缺陷验收工作。

（4）参加月度安全生产总结会、重大的设备缺陷和隐患的处理分析会，提出明确处理意见和建议。

（5）组织召开本部门月度设备缺陷分析会，对设备缺陷进行深入分析。

（6）对本部门缺陷执行情况进行总结，对存在的问题及时组织整改。

2. 技术主管工程师职责

（1）每日登录 MIS 系统，了解设备运行状况和缺陷处理情况，并深入现场对缺陷进行追踪。

（2）负责编写设备缺陷的处理意见和方案；制定需大小修或技术改造的延期缺陷在消缺前的防范措施和处理方案。

（3）督促各班组及时做好消缺工作，对设备缺陷消除工作进行检查和验收，严把缺陷处理质量关。

（4）组织或参与二级、三级缺陷验收工作。

（5）参加月度安全生产总结会、重大的设备缺陷和隐患的处理分析会，分析、研究解决缺陷处理的技术问题。

（6）督促本部门人员做好消缺闭环管理，及时提出整改要求及建议。

3. 各班人员（设备专责）职责

（1）各班负责人安排本班班员做好设备点检、定检、消缺工作。

（2）各班人员做好设备缺陷登记工作。

（3）及时做好月度设备缺陷统计分析，参加部门设备缺陷管理例行会议，参与部门设备缺陷处理方案的制定。

（4）各工作负责人认真正确填写消缺后的检修作业交代，对其正确性和完整性负责。

（5）参与设备缺陷处理方案的制定，参加设备缺陷管理的例行分析会或专题讨论会。

5.4 设备缺陷管理任务

5.4.1 缺陷的检查、记录、确认和处理通知

1. 所有工作人员发现缺陷后应及时向 ON-CALL 组长汇报，并把缺陷的内容录入 MIS 系统。对于一类、二类缺陷，应马上通知 ON-CALL 组长，并在现场做好监视或采取相应措施防止事件扩大，过后再填入缺陷记录本内。

2. 当班 ON-CALL 组长在接到一类或二类缺陷报告后，应立即通知后厂部 ON-CALL 值班领导，按调度规程要求，必要时向调度汇报。

3. 当班 ON-CALL 组长接到三类缺陷通知后应及时予以确认（交接班期间发生的一般缺陷由接班 ON-CALL 组长负责处理），并组织本班 ON-CALL 人员进行处理。

4. 检修部设备专责在设备定检过程中发现的缺陷，先汇报给检修部部长确认后，再报告 ON-CALL 组长，将缺陷内容录入 MIS 系统，履行缺陷处理

相关流程。

5. ON-CALL 值班结束后,由 ON-CALL 组长汇总本轮当班期间所有缺陷处理情况,经厂部 ON-CALL 值班领导确认后交发电部存档。

6. 消缺工作负责人在处理缺陷前,如认为登记的缺陷描述不清楚,应向此缺陷填报人了解清楚或到现场进行确认,对已登记的缺陷的分类和处理意见有异议时,先报本部门审议,如还有争议,由综合部或厂部界定。

5.4.2 缺陷的处理

1. 一类缺陷的处理

(1) 对于一类缺陷由当班 ON-CALL 组长通知相关当班 ON-CALL 人员,如有必要,应通知相关设备专责,并汇报给厂部 ON-CALL 值班领导。前方营地 ON-CALL 人员要在 10 分钟内赶到现场,其他接到通知的各级相关人员,要在 30 分钟内赶到现场。

(2) 一类缺陷的处理方式首先由 ON-CALL 人员按规定退出并隔离该设备,进行现场检查、记录并汇总现场设备及计算机监控系统运行数据和报警信息、做好分析判断工作,然后由厂部 ON-CALL 值班领导组织相关部门研究制定处理方案并实施。

(3) 一类缺陷的处理以厂部批准的处理方案规定的时间为限。

(4) 一类设备缺陷的发生和消除,由厂部按有关规定及时向公司汇报。

2. 二类缺陷的处理

(1) 对于二类缺陷,ON-CALL 组长通知相关当班 ON-CALL 人员,如有必要,应通知相关设备专责。前方营地 ON-CALL 人员要在 10 分钟内赶到现场,其他接到通知的各级相关人员,要在 30 分钟内赶到现场。

(2) 二类缺陷的处理由 ON-CALL 组长立即组织制定缺陷消除计划和方案,报厂部 ON-CALL 值班领导批准后,抓紧组织实施。

(3) 如能马上进行停电处理的,由现场讨论制定处理方案并报厂部 ON-CALL 值班领导批准,及时组织人员进行消缺。

(4) 二类缺陷的处理以 ON-CALL 值班领导批准的时间为限。

3. 三类缺陷的处理

(1) 三类缺陷由 ON-CALL 组长负责组织消缺。

(2) 对急于处理的三类缺陷,ON-CALL 人员接到通知后要在 30 分钟内赶到现场进行处理。

(3) 对三类缺陷的处理,从设备缺陷的记录到鉴定确认的时间不超过

12小时,从鉴定确认到处理完成,最长时间不得超过 24 小时,因故不能处理的要说明理由并交代注意事项。

4. 延期缺陷的处理

(1) 对于确实不能按规定及时消除的缺陷,要按规定由消缺负责人填报延期处理申请单,经厂部值班领导和综合部审核批准后,转为延期缺陷。未经批准,不能转为延期消除,视为可正常处理缺陷。

(2) 发电部负责及时跟踪延期缺陷是否已满足消缺条件,若满足消缺条件,综合部启动消缺程序,向厂部值班负责人报告,重新启动正常消缺处理流程。

(3) 对于设备异常或技术参数有劣化趋势的问题,ON-CALL 组和各部门须加强监视,必要时要指定专人负责对异常设备进行监视,并对收集到的信息进行统计分析,随时掌握缺陷进展动态,督促相关人员做好监视、分析和防范工作,尽快找出原因。必要时,提请综合部组织相关人员进行分析研究,制定防范措施后报厂部批准。

5.4.3 消缺验收

1. 设备缺陷处理结果的验收实行分级验收的原则,由相应级别的人员负责组织开展:一类缺陷的处理结果验收由厂部 ON-CALL 值班领导通知厂部,二类缺陷的处理结果由 ON-CALL 值班领导组织验收。

2. 三类缺陷的处理结果由 ON-CALL 组负责验收。

5.5 设备缺陷的统计和分析

1. ON-CALL 值班结束后,由 ON-CALL 组长汇总本轮班期间所有缺陷处理情况,填写 ON-CALL 设备缺陷汇总记录表,经厂部 ON-CALL 值班领导确认后报发电部存档。

2. 发电部根据 ON-CALL 设备缺陷汇总记录表及 MIS 系统值班记录等对设备缺陷进行统计分析,及时汇报给厂部。

5.6 考核与奖惩办法

5.6.1 考核

1. 设备缺陷的考核是以 MIS 系统缺陷数据库的记录或值班日志和

ON-CALL 设备缺陷汇总记录表为依据,对有关部门的缺陷管理情况进行考核。

2. 发电部按缺陷统计情况上报厂部,由厂部审核后进行月度考核。

3. 凡因客观原因处理不了的设备缺陷,消缺负责人应填报延期处理申请单,经厂部 ON-CALL 值班领导和综合部审核批准后,转为延期缺陷的,当月不进行考核。

4. 未能在规定期限内完成消缺工作,且未填报延期处理申请单或未及时办理延期手续转为延期缺陷的,按不及时消缺处理。

5. 具体奖罚标准按《右江水电厂安全生产奖惩规定》执行。具体如下:

(1) 无故存在未处理设备缺陷,经厂部讨论决定,每项缺陷扣罚厂部 ON-CALL 值班领导、ON-CALL 组长和经 ON-CALL 会指定的消缺人各 50 元。

(2) 指定消缺人在缺陷处理结束后,未进行检修交代或交代不清楚的,每项缺陷扣罚指定消缺人 50 元。

(3) 对暂不能处理需延期的缺陷,未及时办理延期手续的,经厂部讨论决定,每项缺陷扣罚 ON-CALL 组长和指定消缺人各 50 元。

(4) 若延期缺陷满足消缺条件,发电部未及时跟踪,启动消缺处理流程的,每项扣罚相关责任人 50 元。

(5) 指定消缺人在缺陷处理结束后,未按消缺验收规定和要求进行验收的,每项缺陷扣罚指定消缺人 50 元。

(6) 指定消缺人未及时提交备品备件而延缓一般设备缺陷处理的,扣罚指定消缺人每人每项 50 元。若因此而导致机组无法投运或非计划停运的,除扣罚指定消缺人每项 100 元外,还将按《右江水电厂安全生产奖惩规定》追究相关责任。

(7) 对于重复发生同类设备缺陷,引起机组非计划停运的,除每次按事故处罚标准处罚外,还对事故的责任部门和人员进行双倍扣罚,同时还将按《右江水电厂安全生产奖惩规定》追究相关责任。

(8) 巡检人员发现缺陷后未及时汇报 ON-CALL 组长,并把缺陷的内容录入 MIS 系统的,每项缺陷扣罚 50 元。

(9) 对于一、二类缺陷,当班 ON-CALL 组人员接到 ON-CALL 组长紧急通知后,未在规定时间内及时赶到现场,扣罚当班 ON-CALL 组人员每人 50 元。

(10) 对三类缺陷的处理,无故从缺陷记录到鉴定确认时间超过 12 小时或从鉴定确认到处理完成超过 24 小时的,扣罚 ON-CALL 组长和指定消缺责任人各 50 元。

（11）发电部未做好缺陷闭环归口管理，未做好缺陷管理全过程监督，扣罚发电部 100 元，扣罚相关责任人 50 元。

5.6.2 考核办法

1. 计算公式

（1）消缺率＝（月消缺条数/月应消缺条数）×100%

（2）消缺及时率＝（及时消缺条数/月应消缺条数）×100%

2. 考核统计说明

（1）月应消缺条数＝月发现缺陷条数－月延期处理缺陷条数＋可处理历史延期缺陷条数，月消缺条数为当月内处理的缺陷条数。

（2）"漏发现"情况：经分析，值班人员所不能发现的缺陷，经综合部认可，不予扣奖。

（3）"消缺率"情况：经分析，因设备工况、材料、材质等原因造成未消缺，经综合部认可，奖金不受"消缺率"影响。

附录 A 设备缺陷分类

A.1 一类缺陷

A.1.1 电气类

A.1.1.1 主设备保护（包括厂高变）故障，不及时处理可能造成保护误动跳闸或拒动的所有缺陷。

A.1.1.2 引起发电机、主变主保护动作的缺陷。

A.1.1.3 发电机突然温升增长较快、振动加剧，或有明显异常响声。

A.1.1.4 主变突然产气率增快、温度明显突升、较大的漏油、主变冷却系统故障且不能通过正常切换保持主变起动冷却条件的。

A.1.1.5 电流互感器或电压互感器明显损坏，220 kV 升压站 GIS 部分严重漏气，影响安全运行的。

A.1.1.6 避雷器爆炸。

A.1.1.7 10 kV、0.4 kV 厂用电系统故障，备用电源不能投入或虽能投入，但使厂用电系统可靠性严重降低的缺陷。

A.1.1.8 220 kV、机组出口开关或刀闸故障，影响正常倒闸操作，开关或刀闸不能操作或分合不到位，又不能通过运行人员手动、现场操作或临时处理的缺陷。

A.1.1.9 220 kV、机组出口开关的 SF_6 气体严重泄漏，难以维持正常运行的缺陷。

A.1.1.10 220 kV、机组出口开关操作机构及控制回路故障（包括分合闸线圈烧毁），影响执行中调倒闸操作命令的缺陷。

A.1.1.11 220 kV、机组出口开关因储能机构故障不能储能的缺陷。

A.1.1.12 220 kV 升压站、出线场内发生污闪、短路、接地、断线等故障。

A.1.1.13 交流系统、直流系统因接触不良发生过热、或绝缘不良引起放电，不立即处理会引起事故扩大的缺陷。

A.1.1.14 220 V 直流系统发生两点接地。

A.1.1.15 机组励磁系统事故。

A.1.1.16 检修渗漏排水泵、高低压气机、压油泵等重要辅助设备控制回路故障，可能影响机组运行或造成水淹厂房等其他严重后果的。

A.1.1.17 照明回路故障，严重影响运行、可能发生事故的。

A.1.1.18　重要仪表或表计回路故障,影响设备操作的或影响安全运行的缺陷。

A.1.1.19　监控系统故障可能造成主要设备误动或影响主设备安全运行的。

A.1.1.20　火灾报警装置故障或水喷雾装置误动,严重影响运行的。

A.1.1.21　影响与中调正常通讯的总机故障。

A.1.1.22　影响保护、远动等通道故障。

A.1.1.23　影响与中调通讯的通讯机房电源故障。

A.1.2　机械类

A.1.2.1　止水设备严重泄漏。如主轴密封漏水急剧增大、蜗壳进入门、尾水进入门、顶盖等设备紧固螺栓松动或泄漏严重。

A.1.2.2　机组排水系统主用、备用设备同时故障,无法维持运行。

A.1.2.3　两台高压或低压气机故障,无法维持正常气压。

A.1.2.4　压力油、气系统泄漏严重或安全阀误动。

A.1.2.5　各部油槽油位急剧下降或急剧升高。

A.1.2.6　机组各部摆度有突变,机组振动明显加剧。

A.1.2.7　机组运行瓦温有突变。

A.1.2.8　发电机内部出现异常响声,声音较为剧烈。

A.1.3　机组进水口快速闸门液压启闭系统

A.1.3.1　控制装置失灵。

A.1.3.2　液压系统严重泄漏,造成无法提门。

A.1.3.3　阀件失灵,引起无法提门和紧急落门。

A.1.3.4　油泵、电机组同时无法工作。

A.1.3.5　油箱—油泵—阀组之间的管路漏、喷油。

A.1.4　其他直接威胁主要设备安全运行和对外供电的缺陷。

A.2　二类缺陷

A.2.1　电气类

A.2.1.1　不会直接造成保护误动或拒动的主保护(包括厂高变)故障,但容易引起运行人员或其他工作人员误判断的缺陷。如转子一点接地保护误动等。

A.2.1.2　厂用电保护故障,可能直接造成保护误动或拒动的缺陷。

A.2.1.3　调速器电气柜的各类缺陷,但可转为手动运行维持。

A.2.1.4　因发电机或主变缺陷造成降低出力运行,但可通过其他机组调整而不影响对外供电的缺陷。

A.2.1.5　主变套管油位或油枕油位偏低。

A.2.1.6　主变冷却系统故障,虽能维持运行但无备用设备。

A.2.1.7　开关 SF_6 气压少量泄露,已处于气压低报警范围内。

A.2.1.8　发电机、主变、开关、刀闸等重要紧固件松动。

A.2.1.9　电气设备有明显异响、振动加剧。

A.2.1.10　发电机、主变、开关、电流、电压互感器预防性试验重要项目未达到标准。

A.2.1.11　电气联接部分过热或有轻微放电。

A.2.1.12　厂用电等开关不能正常储能及操作机构故障,但仍可维持厂用电系统运行。

A.2.1.13　监控系统故障使局部设备退出运行的。

A.2.1.14　可经临时处理维持运行的一类缺陷。

A.2.2　机械类

A.2.2.1　机组及厂房排水系统故障(包括厂房检修排水、渗漏排水及机组顶盖排水等),备用设备能投入维持运行。

A.2.2.2　高、低压气机故障,但尚能维持正常运行气压。

A.2.2.3　各部轴承、油槽油位异常,但无突变。

A.2.2.4　机组冷却水系统泄漏、供排油管泄漏。

A.2.2.5　各止水部位有轻微泄漏或螺栓有松动迹象。

A.2.3　进水口闸门启闭系统

A.2.3.1　液压系统泄漏,但仍可维持提门状态。

A.2.3.2　阀组、油缸、管路少量漏油。

A.2.3.3　油质不合格。

A.2.3.4　其他威胁主要设备安全运行和对外供电的缺陷。

A.3　三类缺陷

A.3.1　电气类

A.3.1.1　厂用电系统故障,不大可能造成保护误动或拒动的缺陷。

A.3.1.2　不太重要的音响、光字或其他信号系统故障。

A.3.1.3　一般性表计指示不准或损坏。

A.3.1.4　电磁锁等防误装置不可靠动作。

A.3.1.5　变压器硅胶大部分变色。

A.3.1.6　支柱瓷瓶有个别地方损坏或较污秽。

A.3.1.7　连接导线有散股、少量断股。

A.3.1.8　刀闸静触头杆不平直,动静触头不清洁、不光亮或有烧伤,操作机构不灵活。

A.3.1.9　电气设备基础、外壳、操作机构锈蚀。

A.3.1.10　开关刀闸铸件有裂纹,弹簧生锈、变形。

A.3.1.11　不影响安全运行的设备缺漏件。

A.3.1.12　充油设备微量渗油。

A.3.1.13　开关、刀闸未调整到标准位置。

A.3.1.14　电气设备绝缘性能降低,但仍可投入运行。

A.3.1.15　电气设备紧固件松动,暂不威胁运行。

A.3.1.16　电动机振动超标、电机轴承有异响、缺油等。

A.3.1.17　工业电视系统故障。

A.3.1.18　火灾报警装置故障。

A.3.1.19　其他对设备有影响的缺陷。

A.3.2　机械类

须及时处理,但不直接威胁机组运行的缺陷,或虽不属发、供电设备但处理较难的缺陷。

A.3.3　进水口闸门启闭机

A.3.3.1　油泵、电机有一台无法工作。

A.3.3.2　油箱油位不正常。

A.3.3.3　回油、出油过滤器已堵塞。

A.3.3.4　油位计、压力表损坏。

A.3.3.5　其他影响辅助设备正常运行的缺陷。

第 6 章
技术监督管理

6.1 一般要求

技术监督管理主要包含金属、水机、热工、化学、电测、绝缘、继电保护及安全自动装置、励磁、电能质量、环保等十项内容。管理工作贯彻"安全第一、预防为主"的方针,按照"关口前移、闭环控制"的原则,实行技术管理责任制,按照依法监督、分级管理、闭环控制、专业归口的原则,实施对设备运行、检修、停备用、技术改造中的技术性能检测和设备退役鉴定的全过程、全方位技术监督管理。

6.2 技术监督管理的机构和职责

6.2.1 管理机构

1. 电厂技术监督管理成立以总工程师为组长的技术监督管理领导小组,建立电厂的三级技术监督管理网,即总工程师、综合部、检修部、发电部及其各班组的三级技术监督管理网络。

2. 综合部是技术监督的主管部门,在总工程师的领导下,负责技术监督的计划、组织实施及总结上报。

3. 检修部、发电部及两部的班组是技术监督工作的具体实施部门。

6.2.2 职责

1. 总工程师职责

（1）总工程师是技术监督的直接领导人，对技术监督工作负全面责任。

（2）组织贯彻执行有关的方针政策、法规、标准、规程、制度等。

（3）审定技术监督管理规程、制度、规定、技术措施等。

（4）批准本厂向技术监督管理服务单位上报的技术监督总结和报表。

（5）重点检查技术监督的各项指标完成情况及年度计划完成情况。

（6）负责对技术监督的有关问题作出决策。

2. 综合部职责

（1）负责组织贯彻上级有关技术监督的各项指示与文件精神，结合电厂设备的实际情况组织编写各技术监督和技术管理实施细则。

（2）做好电厂设备的测试和试验结果的分析汇总以及检修质量验收、运行维护管理工作、及时消除设备缺陷，检查试验方法的正确性，保证监控设备的安全运行。如遇重大设备问题，应及时报告公司和受委托进行技术监督管理服务的单位。

（3）结合年度大小修和技术改造工程，制定电厂的技术监督管理工作计划，检查计划的执行情况。

（4）组织按时完成技术监督报表和技术监督管理工作总结，于次月 3 日前报送技术监督管理服务单位。

（5）定期召开电厂的技术监督管理工作会议，落实技术监督管理的工作计划，协调、解决技术监督管理工作中存在的问题，督促、检查技术监督管理各项工作的落实情况。

（6）参加技术监督管理服务单位组织的技术培训，提高技术监督管理水平；积极开展电厂内部的技术培训，提高技术人员的专业水平。

（7）参加电厂事故的调查分析工作，提出反事故措施并督促落实。

（8）建立健全计量标准，做好量值传递，保证计量量值的统一、准确、可靠。

（9）建立健全电厂设备台账等监督管理档案。

（10）督促检查各班组对技术监督考核指标的完成情况。

3. 检修部及其班组的职责

（1）认真贯彻执行上级颁发的各项技术监督规程、制度及本厂制定的各项技术监督实施细则。根据本部门所管辖的设备和任务，对班组进行明确的分工，各负其责，搞好技术监督工作。

（2）根据电厂下达的技术监督工作计划编写具体实施方案，并合理安排时间完成工作计划。

（3）做好设备检修和各项试验工作，对检修中或试验中发生的异常现象要进行历史性的综合分析，做到判断准确，提出消除缺陷、提高设备健康水平的意见，并及时向综合部反映。同时要按时完成上级下达的技术监督考核指令。

（4）建立和健全检修设备台账和有关检修技术资料。

（5）协助综合部做好试验数据整理和统计工作。

（6）按时完成技术监督报表和技术监督管理工作总结，按规定时间上报综合部。

（7）加强技术培训，开展技术革新，改进测试方法，不断提高班组人员的技术水平。

（8）检修维护人员必须认真学习和执行"发电厂检修规程"和其他有关的检修工艺规程，积极采用新技术、新材料、新工艺，不断提高工艺水平，确保检修高质量。对损坏的和有缺陷的设备要及时进行修理，并作好记录。

4. 发电部及其各班值的职责

（1）运行人员必须遵守运行规程，按有关规定监视设备的运行情况，注意监视电流、电压、温度、压力、油位等参数是否符合规定值，有无异常现象。充油（气）设备有无渗漏油（气），各油位及气体压力是否正常，绝缘瓷件有无明显损坏，设备是否完整等，并应做好运行记录。

（2）对主要的和有缺陷的设备加强巡回检查，发现异常现象及时向有关领导和各项监控负责人报告，迅速处理。

（3）做好各运行日志检查和数据分析工作。

（4）做好设备定期检查工作。在雷雨后应及时检查防雷设备的动作情况，并做好记录。

（5）做好水库调度工作，充分利用水资源。

（6）按时完成技术监督报表和技术监督管理工作总结，按规定时间上报综合部。

5. 技术监督管理服务单位与本厂之间的关系

（1）技术监督管理服务单位与本厂之间通过技术监督服务合同确立服务关系，技术监督管理服务合同由右江水利开发有限责任公司统一管理，并定期检查技术监督服务合同的执行情况。

(2) 技术监督管理服务单位必须按照技术监督管理服务合同规定的内容进行技术监督管理和检查指导服务。

6.3 金属技术监督管理

6.3.1 金属技术监督网

根据广西右江水利开发有限责任公司的文件精神，右江电厂是广西右江水利开发有限责任公司的二级单位，是发电设备的直接管理者，对技术监督工作承担直接责任。成立厂部、综合部、发电部、检修维护部的三级金属技术监督网络，由总工程师负责组织全厂的金属技术监督工作，检修维护部金属专（兼）职工程师协助总工程师具体开展金属技术监督工作。

6.3.2 监督网各级人员岗位职责

1. 总工程师职责

(1) 领导本厂金属技术监督网的活动，审定安装、检修或技术改造中金属技术监督项目，审批本厂有关金属技术监督的规章制度。

(2) 督促本厂贯彻执行上级有关金属技术监督规程、条例和指示，检查本厂金属技术监督的实施情况。

(3) 及时组织和领导有关专业人员共同研究设备的空蚀磨损、材料失效等问题，分析原因、落实措施，使事故防患于未然，努力提高设备的健康水平。

(4) 参加本厂金属技术监督范围内的质量鉴定和验收工作，并下结论。

2. 综合部金属技术监督专（兼）职工程师职责

(1) 结合本厂实际情况，制定金属技术监督实施细则和有关管理的规章制度，提出金属技术监督工作计划以及机组检修、运行中的金属技术监督检查和测试项目。

(2) 负责组织落实各项金属技术监督检查和测试工作，参加受监设备部件金属事故分析、试验鉴定、修复处理及预防措施制订等工作。

(3) 督促做好本厂受监部件金属材料监督及焊接质量监督。

(4) 建立健全本厂金属技术监督档案，按时提出有关金属技术监督的检修报告、事故分析报告和有关专题报告。

(5) 负责编写金属技术监督工作总结，填报金属技术监督工作报表，并按时上报上级主管技术监督职能部门。金属部件异常情况的分析及处理应及时上报。

(6) 组织本厂金属技术监督网活动,宣传贯彻金属技术监督规程、标准、条例等,普及金属技术监督知识,经常检查监督网内各专业部门贯彻执行金属技术监督规程、标准、条例和金属技术监督制度等情况,发现问题应及时纠正。

(7) 协助本厂有关部门做好金属检验人员和焊工的培训、考证工作,加强对持证上岗的管理。

(8) 负责本厂金属部件的备品、备件、备用钢材的监督和试验工作。

(9) 负责全厂设备的运行、防洪度汛、维护检修和事故处理等方面的金属技术监督工作。

3. 检修部金属技术监督专(兼)职工程师职责

(1) 贯彻上级有关金属技术监督工作的指示,协助金属技术监督专责工程师做好有关金属技术监督工作。建立健全金属技术监督档案,及时提出工程的有关金属技术的检修报告、事故分析报告和有关专题报告。

(2) 督促电厂金属检验人员和焊工参加培训、考证工作,加强持证上岗的管理。

(3) 在上级有关部门的领导下,组织、指挥电厂管辖范围内事故和异常情况的处理、调查与分析,制定防范措施,做好事故预想。

4. 班组金属技术监督管理员(兼)职责

(1) 认真贯彻执行上级关于金属技术监督工作的指示、决定和有关规程、条例及制度。

(2) 参加受监设备部件金属事故分析、试验鉴定、修复以及预防性措施的制定等工作。做好有关设备的检修质量验收、运行、维护和调校工作,定期研究存在问题,提出改进意见,及时清除缺陷,保证监督设备的安全。

(3) 负责设备检修中的金属技术管理和技术档案资料的归档等工作,并上报上一级部门。

(4) 负责本班组受监金属材料部件的监督及焊接质量的监督。

(5) 负责建立健全本班组的金属技术监督档案。

(6) 协助物供公司对金属材料入库进行检验,对金属材料的存放提出合理建议。

(7) 协助本厂有关部门搞好金属检验人员和焊工的培训、考证工作,加强持证上岗的管理。

(8) 认真做好与金属技术监督有关的其他工作。

6.3.3 金属技术监督范围和任务

1. 金属技术监督范围

(1) 水轮机大轴、转轮、蜗壳、座环、顶盖、导叶、接力器、尾水管里衬等重要部件。发电机大轴、圆盘支架、转子支臂、承重机架、推力头等部件。重要部件和结构的连接螺栓等。

(2) 引水压力钢管。

(3) 拦污栅、钢闸门及附件，起重、启闭设备及附件以及其承重承压钢结构等。

(4) 工作压力 $P \geqslant 0.1\,\mathrm{MPa}$ 的管道及附件。

(5) 压力油罐，$P \geqslant 0.1\,\mathrm{MPa}$ 的空气贮罐等压力容器。

2. 金属技术监督任务

(1) 做好受监金属部件和结构在设计、制造、安装、检修中材料质量和焊接质量的监督及金属测试工作。

(2) 检查和掌握受监金属部件和结构在运行中发生的空蚀、磨损、磨蚀、裂纹等现象的变化和发展情况，及时采取措施避免设备发生事故。

(3) 参加受监金属部件和结构事故的调查和分析，总结经验，提出处理对策并督促实施。

(4) 积极推广应用先进的、成熟的、行之有效的新技术和新的诊断方法，及时和准确地掌握及判断受监金属部件的损伤情况和寿命损耗程度，不断提高金属技术监督水平。

(5) 建立和健全金属技术监督档案。

6.3.4 受监金属材料、焊接材料、备品备件的管理要求

1. 受监金属材料和焊接材料必须符合国家标准或部颁标准，进口的金属材料和焊接材料必须符合规定的有关国家标准。

2. 受监金属材料、焊接材料、备品备件和重要部件（如钢闸门及附件、压力钢管、水轮发电机组大轴、转轮、压力容器等）必须按合格证和质量保证书进行质量验收，数据不全应补检。检验方法、范围、数量应符合国家标准或国家行业标准。进口的金属材料必须符合合同规定的有关国家的技术标准。

3. 对受监的金属材料、焊接材料的质量发生怀疑时，应按有关标准进行抽样检查。

4. 电厂仓库必须对金属监督范围内的金属材料、焊接材料和备品备件建

立严格的质量验收、保管、存放和领用制度。

5. 焊接材料应有专库储存,应有专人对库内的温度和湿度进行管理,相对湿度不应大于60%,库存焊接材料要经常检查,防止焊条药皮受潮、脱落、龟裂,焊条芯、焊丝等锈蚀。

6. 采用代用材料要有充分的技术依据。原则上应选择成分、性能略优的材料,并进行强度核算,保证在使用条件下各项性能指标均不低于设计要求。同时须经电厂金属技术监督专责工程师认可,总工程师批准。材料代用后必须做好技术记录,并修改相应的图纸或在图上注明。

6.3.5 焊接质量管理要求

1. 凡焊接金属监督范围内的部件、结构,应按照有关规定,进行质量检验和监督。压力容器的焊接质量,按劳动部《压力容器安全技术监察规程》的要求执行。管道及结构件的焊接质量,按《水工金属结构焊接通用技术条件》(SL 36—2006)或其他部颁规程规定的要求执行。

2. 对转动部件和其他重要部件焊接时,应制定焊接工艺技术措施,必要时在焊接前进行焊接练习和允许性考试。

3. 加强焊接质量检验,焊接质量检验人员应经过专业培训且考试合格,并持有相应等级的有效资格证书。

6.3.6 焊工培训考核要求

1. 凡对金属监督范围内的部件、结构进行施焊的焊工必须持有相应的资格证。

2. 焊工必须经过焊接基本知识和实际操作技能的培训,并按《焊工技术考核规程》(DL/T 679—2012)或《水工金属结构焊工技能考试规则》(SL 35—2011),取得有效期内的焊工合格证书。

3. 合格焊工不得担任超越其合格项目的焊接工作。

4. 合格焊工中断受监部件焊接工作六个月者,如再次担任受监部件的焊接工作时,必须重新考核。

6.3.7 金属检验人员培训考核要求

凡对水电厂受监金属部件、结构进行试验、测试,检验人员应符合以下要求:

1. 金属检验人员必须经过基本知识和实际操作技能的培训和考核,取得相应的资格证,并按规定进行考核,持证上岗。具有Ⅱ级以上无损检验人员才能签发检测报告。

2. 理化检验人员必须经过基本知识和实际操作技能的培训和考核取得相应的资格证,并持证上岗。

3. 凡对受监部件及结构进行外观检查的巡视人员,必须具备有关专业知识和丰富的实践经验,能对出现的异常情况作出正确的判断。

6.3.8　金属测试仪器、设备管理要求

1. 金属测试仪器主要是指测厚仪、超声波探伤仪、放大镜、测量卡尺等。
2. 金属测试仪器不得随意外借他人或单位。
3. 金属测试仪器是精密设备,应妥善保管,防止受潮、变形、锈蚀等。
4. 为减少测量误差,每年应定期校验测试仪器,发现不合格设备,应及时更换。
5. 严禁不了解仪器使用方法的人使用测试仪器。

6.3.9　检测、测试报告编写和审核要求

对受监金属部件的检查报告由各班、值编写,由维护部和发电部汇总后交生产部审核,生产部将检查结果汇报给厂领导或上报主管部门。

6.3.10　金属技术监督专责完成的工作任务

1. 完成综合部下达的各项工作任务。
2. 按规定的格式及时上报月度、季度、年度各种报表和总结。

6.4　热工技术监督管理

6.4.1　监督管理机构与监督工作

1. 建立以总工程师为领导的技术监督三级网络,在检修部设立热工技术监督专责,主管本厂的热工技术监督工作,检修部技术员负责本厂的热工仪表及热工控制设备的维护管理和检修、仪表检定、热工标准器具的送检和热工设备、备品、备件技术台账的建立和管理工作。

2. 贯彻执行上级有关热工技术监督的文件和规定。全面掌握热工检测仪表及控制装置的运行情况,并按规定进行检查和监督。

3. 本厂的热工仪表、校验装置、标准仪表统一由检修部管理,严格执行热

工仪表周检计划,确保热工仪表校验率、合格率和标准设备完好率达到要求。建立健全设备技术档案,发现问题及时处理,重大问题如实上报。

4. 建立符合规程要求的试验室,计量检定人员保持相对稳定,计量标准装置、仪器、仪表保持良好的工作状态,并按时做好送检和自检工作,确保热工计量标准器具,具有计量检定证书和考核证书。从事热工仪表运行维护和检修人员须经过计量培训考核,取得证书,做到执证上岗。

5. 热工仪表及设备的购置选型,技术参数的核定应征求热工监督部门意见,到货后,应有专业、监督人员的验收签字方可入库。

6. 标准装置及标准仪表的报废、封存,应报经厂领导批准。0.25级以上的标准仪器、仪表或标准装置的停用、降级,应报上一级监督机构备案。已停用的标准器具应贴上停用标签且不得使用。

6.4.2 岗位职责

1. 厂级总工程师职责

(1) 贯彻执行上级《电力工业技术监督工作规定》及《热工技术监督管理实施细则》等规定,组织制定本厂热工技术监督标准、规程、制度及技术措施等。

(2) 组织本厂认真做好热工专业在基建、安装、调试、运行方面的监督管理工作。

(3) 全面掌握本厂热工仪表及控制装置的运行情况,指导开展热工技术改进工作,对关键性技术问题组织技术改造。

(4) 组织对热工设备事故或与热工设备有关的主设备重大事故的调查分析,查明原因,采取措施,制定反事故措施,并上报主管公司和技术监督办公室。

2. 部门级热工专责职责

(1) 在总工程师领导下,贯彻执行上级有关热工仪表及控制装置监督工作的规定。

(2) 制定本厂热工监督工作计划,检查督促检修和维护部门认真做好热工监督工作。协调热工部门内外的分工协作,并参与对热工设备检修质量的检查验收。

(3) 负责本厂热工计量管理工作,督促检查热工计量检定人员持证上岗及计量标准器具、标准装置的考核认证工作。

3. 热工技术专责职责

(1) 认真贯彻执行上级《电力工业技术监督工作规定》、《热工仪表及控制装置监督工作规定》以及国家颁布的热工技术监督有关的标准、规定和检定规程。

（2）认真执行厂里制定的，为做好技术监督工作有关的规定、制度和标准。

（3）负责全厂热工自动控制装置（包括：压力变送器、差压变送器、压力传感器，流量、位移、振动传感器）的运行维护管理和检修工作。压力表、压力变送器、差压变送器、压力传感器和温度仪表，在机组检修期间都应进行检修和检定。确保主要热工仪表校验率和合格率达到或超额完成考核指标的要求。

（4）负责做好试验室热工标准仪器、仪表的维护管理。确保标准器具完好、可靠。

（5）认真做好热工标准仪器、仪表的按时送检工作。保证标准仪器、仪表的稳定性和准确性，其检定证书都在有效期内。

（6）热工仪表和控制装置在安装使用前，必须按有关的检定规程要求进行检定、测试。未经检定或检定不合格的仪表或控制装置不得安装使用。

（7）建立健全热工仪表、热工设备和热工计量标准器具以及热工备品、备件的技术台账，做到记录齐全，数据正确。

（8）热工仪表、控制装置的检定记录和测试报告，应按规程规定要求，填写规范、数据完整。检定记录、测试报告一式两份，一份由班组保存，一份交综合部存档备查。

（9）每年1月10日前统计上年度热工自动装置投入情况（A.1），统计热工技术监督仪表合格率（A.3），并上报综合部。

6.4.3　运行部门监督

1. 负责监视热工设备的运行状况，有异常或故障立即汇报处理，并做好记录。

2. 做好热工控制装置的投退记录，统计开、停机动作情况（A.2），并上报综合部。

6.4.4　热工技术监督范围和任务

1. 热工技术监督范围

计算机监督系统、量值传递设备、显示仪表、记录仪表及控制设备、检测元件（包括压力、温度、流量、重量、转速、检测装置）的检验率、调前合格率，计量标准装置的准确率,热工保护的投入率、动作正确率,以及计算机数据采集通道的校验等。

2. 热工技术监督任务

(1) 建立以总工程师为领导的技术监督三级网络,在检修部设立热工技术监督专责,主管本厂的热工技术监督工作,检修部技术员负责本厂的热工仪表及热工控制设备的维护管理和检修、仪表检定、热工标准器具的送检和热工设备、备品、备件技术台账的建立和管理工作。

(2) 贯彻执行上级有关热工技术监督的文件和规定。全面掌握热工检测仪表及控制装置的运行情况,并按规定进行检查和监督。

(3) 本厂的热工仪表、校验装置、标准仪表统一由检修部管理,严格执行热工仪表周检计划,确保热工仪表校验率、合格率和标准设备完好率达到要求。建立健全设备技术档案,发现问题及时处理,如遇重大问题如实上报。

(4) 建立符合规程要求的试验室,计量检定人员保持相对稳定,计量标准装置、仪器、仪表保持良好的工作状态,并按时做好送检和自检工作,确保热工计量标准器具,具有计量检定证书和考核证书。从事热工仪表运行维护和检修人员须经过计量培训考核,取得证书,做到执证上岗。

(5) 热工仪表及设备的购置选型,技术参数的核定应征求热工监督部门意见,到货后,应有专业、监督人员的验收签字方可入库。

(6) 标准装置及标准仪表的报废、封存,应报经厂领导批准。0.25级以上的标准仪器、仪表或标准装置的停用、降级,应报上一级监督机构备案。已停用的标准器具应贴上停用标签且不得使用。

6.4.5 热工仪表及控制装置运行维护管理要求

1. 热工仪表及控制装置应整洁、完好,标志正确、清晰、齐全,仪表与控制装置的接线端子应有明显的标志。

2. 热工信号报警正确,控制装置的运行应灵活可靠。

3. 做好运行中的主要热工仪表的巡检和维护管理,发现热工仪表或热工设备有故障时,应及时派人员进行处理,以避免事故扩大。如仪表有故障不能及时处理的,应用备用表替换。如热工设备出现的故障不能及时处理或解决,而又影响主设备安全运行的,须上报有关部门,进行协商解决。

4. 热工人员对运行中的热工仪表及控制装置进行试验或处理缺陷时,必须坚持两票制度,凭工作票操作,并做好安全措施,防止误操作。

6.4.6 热工仪表及控制装置检修管理要求

1. 要认真做好热工仪表及热工控制设备的检修管理工作,热工仪表包括:弹簧管压力表、压力变送器、压力传感器,温度指示仪表、测温元件及其控制装置,应随主设备(机组)检修期间同时进行校验、试验。

2. 热工检测仪表及控制装置检修、调校前应进行外观检查,确认设备应无明显损伤等缺陷,设备的铭牌、标志应清晰。

3. 热工仪表及控制装置的校验、试验应严格执行有关的规程或规定,按规程或规定要求进行,保证检修质量。

4. 严格遵照电力部门《电力建设施工技术规范》(DL 5190—2019),并参照《火力发电建设工程启动试运行及验收规程》(DL/T 5437—2022)有关的规定。

5. 热工检测仪表及设备的检修、调校和检定应做好记录。仪表的检定记录应妥善保存。

6. 对热工仪表及控制装置的技术改造、改进,进行施工安装、调试和检查验收,应严格按规定要求进行,确保工程质量。

7. 待装的热工仪表及设备应按《电力工业未安装设备维护保管规程》及有关规定妥善保管,防止破损、受潮、受热和灰尘侵污。器材、工具、备品附件以及技术文件等应妥善存放,防止损坏丢失。

8. 新增加的热工仪表及控制装置在安装使用前,必须经过试验室内的检查及检定,确认合格后方可安装使用,并填写检定、试验记录。记录应移交主管部门妥善保存,作为技术资料建档备查。

6.4.7 施工质量验收规定管理要求

1. 热工仪表、控制装置及设备进行技改或检修后,应严格按有关规定进行验收,并作出检修质量评定。在综合部的组织下,由检修部门与热工专业人员共同验收。

2. 热工仪表、控制装置及设备的技术改造、改进或检修、校验和试验记录以及技术改造、改进情况的技术资料,应在工作结束后15天内整理完毕并归档。技术资料除仪表班保存一份外,一份送生技部或资料室保存。

6.4.8 热工设备事故统计分析管理要求

1. 运行中的热工仪表或热工设备出现故障时,应及时通知热工人员进行处理,以避免事故扩大,并做好记录。

2. 对运行中的热工仪表或热工设备出现的故障,不能及时处理又直接影响到机组或主设备安全运行的,应及时上报综合部和厂部,以便于协商、分析和处理,并做好记录。

3. 因热工仪表或热工设备出现的故障,导致停机或损坏设备的重大事故发生时,应及时上报生技部、厂部和上级主管部门。并组织有关技术人员对事故进行调查分析和处理,同时做好详细的记录。

4. 建立热工事故档案考核制度,对事故进行统计、分析。

6.4.9 热工仪表及控制装置现场巡查和定期清洁管理要求

1. 运行值班员应定期对热工仪表及控制装置进行现场巡查,发现热工设备有异常情况时,应及时向责任部门反映并通知热工人员处理。

2. 热工维护人员应定期对热工仪表及控制装置进行现场巡查,发现有异常情况时,应及时处理,以避免事故扩大。

3. 对运行中的热工仪表及控制装置,应定期进行清扫,以保持清洁,并有明确的标志牌。

6.4.10 热工仪表、控制装置和设备,及其相关备品、备件管理要求

1. 热工仪表、控制装置和设备,及其相关备品、备件不用时,应妥善保存,以避免损坏。

2. 对于新购置的热工仪表及控制装置或设备,必须对设备的技术性能和质量要求,进行质量验收。对质量验收不合格的产品不得入库或使用。

3. 对库存的热工仪表、控制装置和设备,及其相关备品、备件,需要领用时,必须办理领用登记手续。

4. 热工仪表及控制装置因使用时间长,需要更换或更新时,原则上应选择技术性能先进、可靠和定型的产品,并报经厂综合部同意,然后由材料供应部门购置。

5. 热工仪表,热工控制设备,热工计量标准器具、标准装置,热工设备备品、备件应做好技术台账,实现动态管理。

6.4.11 热工技术资料、图纸、设备说明书及相关资料、档案的管理要求

1. 热工仪表、标准器具和校验装置的技术档案、设备说明书及相关资料由热工专业管理人员统一保存。个人借用,须办理借用登记手续。应做到针

对一个装置配置一个文件夹,集中存放与该装置有关的技术档案。

2. 同一装置或设备的技术资料应写有编号,并存放在一起,放置在文件夹内。查阅完与该装置及设备有关的资料后,应及时将资料放回原处,以免资料散失。

3. 孤本资料一律不外借。须使用该资料、书籍时应向保管员办理借阅手续。借阅资料与书籍应小心爱护,不得污损,不得在资料或书籍上任意涂写或勾画线条。

4. 对于重要资料,如技术监督有关文件、规定、检定规程和热工重要设备的说明书以及热工技术改进或改造的技术资料、图纸等,原件应交厂资料室保存。仪表班保存一份复印件。对于仪表检定规程,仪表班计量检定人员应熟悉。因工作需要,尽可能做到每人一本规程资料。

6.4.12　热工仪表、控制装置的检定、试验或测试记录数据的保存和管理要求

1. 检定、试验或测试记录数据应由检修部妥善保存,保存期一般为3年。

2. 对于重要热工设备和控制装置的检定、试验或测试记录数据应保存两份。仪表班保存一份,电厂生技部或资料室保存一份。

3. 建立健全热工仪表、热工设备和热工计量标准器具的技术台账,做到记录齐全,数据准确。并实现计算机系统动态管理。

4. 检定记录、测试报告应按有关检定规程要求,填写规范。检定记录、测试报告,应填写一式两份,一份由仪表班组保存,一份交生产技术部存档。

6.4.13　热工人员安全生产工作管理要求

1. 热工人员进入工作现场,应戴安全帽和穿工作服。

2. 热工人员需要在高空作业时,应做好安全防护措施。

3. 对热工设备特别是控制联锁装置进行检查、试验时,热工人员应在事先熟悉这些设备的工作性能、使用情况后,方能通电进行检查或试验。严禁在对热工设备的工作性能和使用情况不熟悉的情况下,就通电检查或试验。以避免损坏设备的事故发生。

4. 严格执行两票制度 即"工作票"和"操作票"制度,做到凭票操作。严禁无工作票或未经运行人员许可或同意的情况下,进行操作。

6.4.14　热工人员技术培训管理要求

1. 热工人员应加强专业技术和业务学习,不断提高自身业务水平。单位

应组织热工人员定期开展培训工作,做到培训有计划、有安排、有记录。

2. 从事热工仪表检定工作的人员,必须经过热工计量培训考核,取得计量检定证书,做到持证上岗。无证人员不得从事计量检定工作。

3. 对于上级主管部门或有关单位组织的有关热工专业技术交流会、研讨会,在有条件的情况下,应尽量组织人员参加学习。

6.5 化学技术监督管理

6.5.1 监督机构

建立以总工程师为领导的厂级技术监督三级网络,在综合部设立化学技术监督专责,主管本厂的化学技术监督工作。化学实验室专责人员负责电厂的化学设备化验、化学仪器仪表检定及有关技术台账的管理工作。

6.5.2 岗位职责

1. 总工程师职责

(1) 贯彻执行国家、行业、公司有关化学技术监督的方针、政策、法规、标准、规程、制度等,组织制定电厂有关化学技术监督的规章制度、实施细则和技术措施等。

(2) 组织对所管辖的运行设备进行化学技术监督,对设备的维护检修进行质量监督,并建立健全设备技术档案,发现问题及时分析处理,如遇重大问题,应及时如实上报,审批按要求报送的各种化学技术监督报表及计划总结等。

(3) 将化学技术监督工作及具体任务指标落实到有关部门和岗位,并做好协调工作。

(4) 建立严格的化学技术监督工作检查考核制度,并与部门及个人的经济利益挂钩。

(5) 组织建立健全化学技术监督检测手段和试验室,达到规定的技术要求。

(6) 组织对化学技术监督人员的培训,按分级管理原则,要求相关人员持证上岗,不断提高化学技术监督专业水平,并使监督队伍相对稳定。

(7) 组织电厂新建、扩建、改建工程中与化学技术监督有关部分的设计审查、施工质量的检查及验收工作。

2. 化学技术监督专责工程师职责

（1）制定电厂化学技术监督的各项管理制度和各项规程，并协助总工程师做好总工程师职责中所列的各项工作。

（2）根据电厂的实际情况，制定化学技术监督工作的年度计划任务并监督实施。

（3）做好用油（气）设备的测试和试验结果的分析以及检修质量验收、运行维护管理工作，及时消除设备缺陷，保证设备的安全运行。

（4）负责电厂每年进、出油（用油设备油耗）的数据统计汇总和分析工作，填写化学技术监督报表和编写年度工作总结。

3. 发电部的职责

（1）当班值长负责和组织本值执行在运行中的化学技术监督工作。

（2）运行人员必须遵守运行规程，经常巡视设备的运行情况，注意充油（气）设备有无渗漏油（气），各油位（气体压力）是否正常，并做好记录。

（3）检修油化工作人员每周至少进行一次所管辖设备大检查，对主要的和有缺陷的设备要加强巡回检查，发现异常及时报告检修维护部和综合部，并迅速处理。

（4）机组油混浊时，运行人员应加强巡回。

（5）运行人员注意检查主变呼吸器的硅胶是否受潮，油温是否过高，若发现异常应及时报告有关部门。

4. 检修部的职责

（1）认真贯彻执行上级有关化学技术监督的各项规章、制度、标准与要求，实施化学技术监督及拟定有关的技术措施。

（2）按现行国标、行标的要求，定期做好水轮机油、变压器油的监督检测，掌握油品质量状况，发现异常及时处理并上报。

（3）参加主要被监设备大小修中的化学技术监督检查工作及修后的质量验收工作，针对存在的问题提出建议，上报总工程师及生产职能部门，并加以督促落实。

（4）设立化学实验室，负责化学实验及微机诊断工作，提高化学实验设备的配备率、投入率和准确率。

（5）依靠科技进步，采用先进技术，改进生产工艺，降低材料及能源消耗，严把质量关，防止不符合要求的产品及劣质产品进入发电企业。

（6）参与新建、扩建和改建工程中与化学技术监督有关的设计审查及设备选型工作。尽早介入施工安装、调试阶段的化学技术监督工作，以便了解和掌握油系统及各类设备的构造、工艺和材质,并参加验收工作。对影响油质量等的设备缺陷和问题,要求有关单位及时处理。

5. 检修部调速机专业的职责

(1) 油系统检修前,应征求生技部门或化学技术监督专责工程师及化学技术监督人员的意见,特别是对滤油的要求,应纳入检修计划。保证设备检修质量。

(2) 负责做好所管辖的与化学技术监督有关的设备及油位监测器的维护工作及协助油样的取样工作。

(3) 做好运行中水轮机油的管理、净化和防劣工作,油系统补油、换油时,必须征求化学技术监督人员的意见。

6. 检修部电气专业的职责

(1) 负责(或配合)做好运行变压器油的管理、净化、防劣及发电机冷却水的维护等工作。

(2) 按照《电力用油(变压器油、汽轮机油)取样方法》(GB/T 7597—2007)的要求,进行油样的采集。

(3) 油质及色谱分析结果出现异常时,应及时查明原因,采取措施,消除隐患。主要充油电气设备大修及吊芯(罩)检查或补油、换油时,应通知化学技术监督人员参与,并征求其意见;运行设备补油或换油时,应通知化学技术监督人员备案。

7. 化学技术监督人员职责

(1) 正确分析油质、变压器瓦斯气体、六氟化硫气体并及时向有关部门及生产部报告分析结果。

(2) 做好备用油库(气)及油(气)质的监督工作,并在月报表及年报表中把当年所购进新油(气)及油耗、库存油(气)数据上报生产部。

(3) 做好运行设备油(气)质的监督。

(4) 对新油(气)及混合油严格进行监督工作。

(5) 对油试验仪器及其试验药品要妥善保管、正确使用。

(6) 填写油(气)化验分析报告、台账,分析报告一式三份,一份留班组,一份交技安部,另一份交档案室存档。

(7) 拟定年度油(气)化验计划,报综合部审核批准。

(8) 发现充油设备异常时,化学技术监督人员应加强巡回检察,增加检验次数,并将检验结果及时报告检修维护部和综合部,以便采取措施。

(9) 化学技术监督人员定期用检漏仪测量 GIS 室六氟化硫气体含量,若发现异常情况,应立即报告有关部门领导。

（10）化学技术监督人员负责做好每月的化学技术监督报表和总结工作,并在每季度前将上季度的化学技术监督季度报表和总结上报技安部。

6.5.3　化学技术监督范围和任务

1. 化学技术监督范围

化学技术监督范围包括绝缘油系统、透平油系统、六氟化硫气体系统,以及化学试验仪器设备及化学试验室等。绝缘油系统包括：变压器、电抗器、油开关、互感器、绝缘油库等。透平油系统包括：机组集油槽、推力油槽、上导油槽、下导油槽、水导油槽及透平油库等。

2. 化学技术监督任务

（1）对新购进的绝缘油、透平油和六氟化硫气体,应取样品分析,分析项目及标准按原部标规定,凡达不到原部标规定的决不予入库。

（2）运行中油或气的试验项目和周期,应根据有关标准规定进行。若发现异常时,应增加试验项目次数并报告上级主管部门共同查明原因,采取相应的措施确保设备安全运行。

（3）认真做好运行中的绝缘油、透平油的管理维护和防劣化工作,并按规定对注油（包括绝缘油、透平油）设备取油样化验。

（4）主要油或气设备检修时,化学技术监督人员应参加设备内部的检查、验收工作。

（5）化学试验仪器设备应按规定的周期进行检定。不得使用不合格的仪器并及时将不合格仪器的情况汇报综合部。

（6）运行设备中油或气试验分析、结果报告,应按设备分类归档,并录入计算机系统管理。报废油或设备的数量应登记归档备案。

6.5.4　油务监督管理制度

1. 一般要求

（1）化学技术监督的主要任务是准确、及时地对新油、运行中油进行质量检验,为用油部门提供依据,协助有关部门采取措施,防止油质劣化,保证发供电设备安全运行。

（2）新变压器油和汽轮机油按现行的《电工流体变压器和开关用的未使用过的矿物绝缘油》（GB 2536—2011）、《超高压变压器油》（SH 0040—1991）和《L-TSA 汽轮机油换油指标》（NB/SH/T 0636—2013）进行质量验收。

(3) 凡新购的每批油须持有经综合油样的全分析化验合格的报告单,且经电厂油化人员验收合格后才能入库,并将其化验结果、数量做好记录存档。

(4) 新充油电气设备投入前所充变压器油及运行中变压器油、汽轮机油的质量标准,按现行的《运行中变压器油质量》(GB/T 7595—2017)和《电厂运行中矿物涡轮机油质量》(GB/T 7596—2017)进行质量检验与监督。

(5) 电力用油的取样和检验按现行的《电力用油(变压器油、汽轮机油)取样方法》(GB/T 7597—2007)和《电力用油质量及试验方法标准汇编》执行。

(6) 取油样的注意事项:

①取样瓶应为 500~1 000 mL 磨口具塞玻璃瓶;注射器应使用 20~100 mL 的全玻璃注射器。油化验室人员负责清洗干净并烘干后才能使用。

②取样瓶必须保证清洁、干燥,在取样前禁止打开瓶盖,以防灰尘和潮气进入。

③取样前应将瓶上标签填写完整,所取油样应与标签相符合。

④化验人员取油样应由检修人员配合,取样要认真负责,准确及时,注意清洁,防止水分和灰尘掉入,以免得出错误的结论而造成浪费。取样时必须戴口罩。

⑤若从油箱底部阀门取油时,先将积滞在底部的污油放出,然后再放少许油冲洗油口内的脏物和潮气直至干净,并用放出的油将取样瓶洗涤 2~3 次,方可将油样放入瓶内。

⑥油样取出后应立即做试验,特别是耐压试验。

⑦取样时应注意带电设备外壳是否有电及设备带电部分的安全距离,不能带电取样的设备应在有停电机会时取样。

⑧取样时一般应在相对湿度低于 75% 的条件下进行,严禁雨雾天气在室外设备上取样。

(7) 水轮机油的颗粒度要求不大于颗粒度分级标准(MOOG)规定的 6 级标准。机组运行中,若汽轮机油颗粒度不合格,应立即连续滤油,确保油质合格。

(8) 机组大、小修时,要合理安排工期,确保油系统的检修质量及冲洗、滤油时间;若颗粒度不合格,不准启机。

(9) 分析变压器油中的溶解气体,判断充油电气设备内部故障,按《变压器油中溶解气体分析和判断导则》(DL/T 722—2014)和《绝缘油中溶解气体组分含量的气相色谱测定法》(GB/T 17623—2017)执行。投运前及大修后应作色谱分析,作为基础数据。200 kV 及以上的所有变压器、容量 120 MVA 及以上的发电厂主变在投运后第 4 天、第 10 天、第 30 天再各做一次检测,无异常时,可转入定期检测。

(10) 变压器油中溶解气体组分含量的气相色谱分析周期及要求见表6.1。

(11) 互感器、套管油中溶解气体组分含量的气相色谱分析周期及要求见表6.2。

表6.1　变压器中溶解气体组分含量的色谱分析

周期	要求	说明
1. 220 kV及以上的所有变压器、容量120 MVA及以上的发电厂主变压器在投入运行后的第4、10、30天 2. 运行中： (1) 220 kV变压器为6个月； (2) 120 MVA及以上发电厂主压器为6个月； (3) 其余8 MVA及以上的变压器为1年； (4) 8 MVA以下的油浸式变压器自行规定 3. 大修后 4. 必要时	1. 运行设备的油中 H_2 与烃类气体含量超过下列任何一项值时应引起注意： 总烃含量大于 150 μL/L H_2 含量大于 150 μL/L C_2H_2 含量大于 5 μL/L 2. 烃类气体总和的产气速率大于 0.25 mL/h(开放式)和 0.5mL/h(密封式)，或相对产气速率大于 10%/月则认为设备有异常	1. 总烃包括：CH_4、C_2H_6、C_2H_4 和 C_2H_2 四种气体 2. 溶解气体组分含量有增长趋势时,可结合产气速率判断,必要时缩短周期进行追踪分析 3. 总烃含量低的设备不宜采用相对产气速率进行判断 4. 新投运的变压器应有投运前的测试数据,不应含有 C_2H_2 5. 测试周期中1项的规定使用于大修后的变压器

表6.2　互感器、套管油中溶解气体组分含量色谱分析

设备名称	周期	要求	说明
电流互感器	投运前； 66 kV及以上1～3年； 大修后； 必要时	油中溶解气体组分含量超过下列任一值时应引起注意： 总烃 100 μL/L；H_2 150 μL/L； C_2H_2 2 μL/L(110 kV及以下)、 1 μL/L(220 kV～500 kV)	新投运互感器或套管的油中不应含 C_2H_2； 全密封互感器按制造厂要求(如果有)进行
电压互感器	投运前； 66 kV及以上1～3年； 大修后； 必要时	油中溶解气体组分含量超过下列任一值时应引起注意： 总烃 100 μL/L；H_2 150 μL/L； C_2H_2 2 μL/L	
套管	投运前； 110 kV及以上1～3年； 大修后； 必要时	油中溶解气体组分含量超过下列任一值时应引起注意： H2 500 μL/L；CH_4 100 μL/L； C_2H_2 2 μL/L(110 kV及以下)、 1 μL/L(220 kV～500 kV)	

2. 关于补充油的规定

(1) 充油电气设备已进充入油(运行油)的量不足,需补加一定量的油品使达到电气设备范围油量的行为过程称为"补充油"。电气设备原已充入的油品称为"已充油"；拟补加的油品称为"补加油"。补加油量占设备总充油量的份额称为"补加份额"。已充油混入补加油后称为"补后油"。

（2）补加油宜采用与已充油同一油源、同一牌号及同一添加剂类型的油品，并且补加油（不论是新油或已使用的油）的各项特性指标不能低于运行中的油质。

（3）如补加油的补加份额大于5%特别当已充油的特性指标已接近规定的运行油质量指标极限值时，可能导致补后油迅速析出油泥。因此在补充油前应预先按额定的补加份额进行油样混合试验参照《电力用油油泥析出测定方法》（DL/T 429.7—2017），确认无沉淀物产生，介质损耗因数不大于已充油数值，方可进行补充油过程。

（4）如补加油来源或牌号及添加剂类型与已充油不同，除应遵守关于补充油的规定外，还应预先按预定的补加份额进行混合油样的老化试验参照《电力用油开口杯老化测定法》（DL/T 429.6—2015）。经老化试验的混合样质量不低于已充油质，方可进行补充油过程。补加油牌号与已充油不同时，还应实测油样的凝点，确认其是否符合使用环境的要求。

3. 关于混油的规定

（1）尚未充入电气设备的两种或两种以上的油品相混合的行为过程称为"混油"。

（2）对混油的要求应按照 GB/T 7595—2017 和 GB/T 7596—2017 中的有关规定执行。油品的检验项目和周期按表 6.2 中的规定进行。

（3）不同牌号的油，须混合使用时，必须进行混合试验合格才能使用，并在运行中加强监督。

4. 防止油质劣化的措施

（1）薄膜密封；

（2）充氮；

（3）热虹吸；

（4）添加氧化剂；

（5）加装净油器；

（6）净油器、热虹吸装置、呼吸器的硅胶受潮时应及时更换，更换的硅胶过筛，预先干燥去潮，在180℃烘4~6小时；140℃烘8小时；120℃烘16小时。烘干待冷却至50℃后，浸入合格变压器油中除气除尘，再装入净油器；热虹吸装置、呼吸器的硅胶，待冷却至环境温度再安装。

5. 库存油的维护与管理要求

（1）所有库存备用油要按规定检验保证合格，发挥其备用油的作用。动用备用油须经综合部批准。

（2）油库各油桶存油油号、名称、数量及使用应有标签和存档。

（3）库存备用油每3个月要取样作简化试验一次。

（4）油库应备有备用油桶以备事故抢修使用。

（5）油库必须保持清洁、干燥、空气流通及适当的温度。油库必须严禁烟火。

（6）每年应将当年的用油消耗量及下一年计划用油量定期报告综合部。

（7）电厂应保持下列备用油量：

①透平油应备有20吨及以上。

②绝缘油应备有20吨及以上。

（8）库存油管理应严格做好油的入库、储存和发放三个环节，防止油的错用、错混和油质劣化。

（9）对新购进的油，须先验明油种、牌号并检验油质是否合格。经验收合格的油入库前须经过滤净化，合格后方可灌入备用油罐。

（10）库存备用的新油和合格的油，应分类、分牌号、分质量进行存放。所有油桶、油罐必须标识清楚，挂牌建账。且应账物相符，定期盘点无误。

（11）严格执行库存油的油质检验制度。除按规定对每批入库、出库油作检验外，还要加强库存油移动时的检验与监督。油的移动包括倒罐、倒桶以及原来存有油的容器内再进入新油等。凡油在移动前后均应进行油质检验，并做好记录，以防油的错混与污损。对长期储放的备用油应定期（一般3～6月1次）检验，使油始终处于合格备用状态。

（12）为防止油在储存和发放过程中发生污损变质，应注意：

①油桶、油罐、管线、油泵以及计量、取样工具等必须保持洁净，一旦发现工具内部积有水分、脏物或锈蚀，以及接触不同油品或不合格油品时，均须及时清除或清洗干净；

②尽量减少倒罐、倒桶及油移动次数，避免油质因意外污损；

③经常检查管线、阀门开关情况，严防串油、串汽和串水；

④准备再生处理的污油、废油须用专门容器盛装并另库存放，其输油管线与油泵均须与合格油严格分开；

⑤油桶严密上盖，防止进潮，并避免日晒雨淋；油罐装有呼吸器并经常检查和更换其吸潮剂。

（13）应根据实际情况，建立有关技术档案与技术资料，主要有：

①主要用油设备台账：包括设备铭牌主要规范，装设地点、容量、电压等级、

油种、油量、油净化器、装置配备情况,油保护方式、投运日期及移动情况等记录;

②主要用油设备运行油的油质检验台账:包括换油、补油、防老化(劣化)措施执行、运行油处理等情况记录;

③主要变压器等用油设备中气体色谱分析台账;包括异常情况检查与处理记录;

④主要用油设备大修检查记录;

⑤旧油、废油回收和再生处理记录;

⑥库存备用油及油质检验台账:包括油种、牌号、油量及油移动等情况;

⑦汽(水)轮机油系统图、油库、油处理站设备系统图等。

(14) 油库、油处理站设计必须符合消防与工业卫生有关要求。储油罐安装间距应符合表6.3的要求,储油罐与周围建筑的距离应符合表6.4的要求,且应设置储油罐防护堤。为防止雷击和静电放电,储油罐及其连接管线,应装设良好的接地装置,必要的消防器材和通风、照明、油污、废水处理等设施均应合格齐全。油再生处理站还应根据环境保护规定,妥善处理油再生时的废渣、废气。

(15) 油库、油处理站及其所辖油区应严格执行防火防爆制度。杜绝油料的渗漏与泼洒,地面油污应及时清除。严禁烟火,对用过的沾油棉物及一切易燃物品均应清除干净。油罐输油操作应注意防止静电放电,查看或检修油罐油箱时,应使用低电压安全行灯并注意通风等。

(16) 从事接触油料工作必须注意有关保健防护措施。尽量避免吸入油雾或油蒸汽;避免皮肤长时间过多地与油接触,必要时操作须戴防护手套及围裙,操作前也可涂抹适当的护肤膏。操作后及饭前将皮肤上的油污清洗干净,油污衣服应经常清洗等。

表6.3 油库储油罐的防火距离

油罐型式	地上式	半地下式	地下式
闪点在45℃以上的可燃油	0.75D	0.5D	0.4D

注:D为两相邻油罐中较大的油罐直径,m。

表6.4 储油罐与周围建筑物的防火距离

一个油罐区总储油量(m³)	防火距离(m)		
	建筑物耐火等级		
	一、二级	三级	四级
5~250	12	15	20

续表

一个油罐区总储油量(m³)	防火距离(m)			
	建筑物耐火等级		
	一、二级	三级	四级
251～1 000	15	20	25
1 001～5 000	20	25	30
5 001～25 000	25	30	40

注：1. 防火间距应从距建筑物最近的储油罐外壁算起，但防火堤外侧基脚线至建筑物的距离最小不应小于10m。
2. 单位如有几个储油罐区，其防火间距不应小于表中相应四级建筑的间距值。
3. 建筑物的耐火等级，是由组成房屋构件的燃烧性能和构件最低的耐火极限决定的。具体是一级为1.50 h，二级为1.00 h，三级为0.50 h，四级为0.25 h。

6. 运行中油的维护与管理要求

(1) 绝缘油的检定：变压器油检测项目和周期见表6.5规定。

(2) 发现绝缘油耐压水平低于50 kV时，则应停止运行变压器并检查处理。

(3) 运行中如遇特殊情况或发现油有异常状态时，应立即取样化验。

(4) 水轮机油(透平油)的检定：透平油检测项目和周期见表6.6。

(5) 运行中如果发现推力油位上升，机组轴承绝缘下降等异常状态时，应立即取样化验。

7. 设备异常时的管理要求

(1) 主要设备用油的pH值接近4.4或颜色急剧变深，其他指标接近允许值或不合格时，应缩短试验周期，增加试验项目，必要时采取处理措施。

(2) 机组运行中，若发现水轮机油混浊时，应增加检验次数，并采取措施。

(3) 当油质闪点下降时，应进行气体组成分析，并及时查明原因。

表6.5 变压器油检测项目和周期

设备名称	设备规范	检测周期	检测项目
变压器、电抗器，所、厂用变压器	110～220 kV	设备投运前或大修后	外状、水溶性酸、酸值、闭口闪点、水分、界面张力、介质损耗因数、击穿电压、体积电阻率、油中含气量
		每年至少一次	外状、水溶性酸、酸值、水分、界面张力、介质损耗因数、击穿电压、体积电阻率、油中含气量
		必要时	闭口闪点、油泥与沉淀物
	<35 kV	设备投运前或大修后	按有关规定
互感器、套管		设备投运前或大修后；1～3年；必要时；	按有关规定

续表

设备名称	设备规范	检测周期	检测项目
断路器	>110 kV ≤110 kV	设备投运前或大修后	外状、水溶性酸、酸值、闭口闪点、水分、界面张力、介质损耗因数
		每年至少一次	外状、水溶性酸、酸值、闭口闪点
		每3年至少一次	外状、水溶性酸、酸值、闭口闪点
	油量60 kg以下	3年一次,或换油	闭口闪点
说明	有关绝缘油的击穿电压、介损应按照绝缘监督的有关规定进行检测;对不易取样或补充油的全密封式套管、互感器设备,根据具体情况自行规定。		

表6.6 透平油常规检验周期和检测项目

设备名称	设备规范	检测周期	检测项目
汽轮机	250 MW及以上	新设备投运前或机组大修后	外状、运动黏度、开口闪点、机械杂质、颗粒度、酸值、液相锈蚀、破乳化度、水分、起泡沫试验、空气释放值
		每天或每周至少1次	外状、机械杂质
		每个月;第3个月以后每6个月1次	运动黏度、闪点
		每个月;1年以后每3个月1次	酸值
		第1个月、第6个月以后每年1次	起泡沫试验、空气释放值
		第1个月以后每6个月1次	颗粒度、液相锈蚀、破乳化度
	200 MW及以下	新设备投运前或机组大修后	外状、运动黏度、开口闪点、机械杂质、酸值、液相锈蚀、破乳化度、水分
		每周至少1次	外状、机械杂质
		每年至少1次;必要时	外状、运动黏度、开口闪点、机械杂质、酸值、液相锈蚀、破乳化度、水分
水轮机	300 MW及以上	每年至少1次;必要时	外状、闪点、运动黏度、机械杂质、颗粒度、酸值、水分

（4）主变运行中,若发现瓦斯继电器动作,声音异常时应增加分析次数,检测数据异常时应立即停止,检查处理。

（5）设备有明显故障,应尽快停电检查处理。不能立即停运时,是否继续运行由总工程师决定;色谱分析应跟踪监视数据变化,及时将分析结果报告检修公司和生产部,以便决策。

6.5.5 六氟化硫气体监督管理要求

1. 对六氟化硫新气的质量验收管理要求

（1）六氟化硫新气到货后的一个月内,均应按照《六氟化硫气瓶及气体使用安全技术管理规则》和《六氟化硫电气设备中气体管理和检测导则》(GB/T 8905—2012)中的有关规定进行抽样检验。验收合格后,应将气瓶转移到阴凉干燥的专门场所,直立存放。未经检验的新气不能同检验合格的气体存放一室,以免混淆。

(2)供需双方对产品质量发生争议时,可提请六氟化硫监督检测中心判定。

(3)对国外进口的新气,亦应进行复检验收。可按《电气设备用工业级六氟化硫(SF_6)及其混合物中使用的补充气体的规范》(IEC 60376:2018)和《工业六氟化硫》(GB/T 12022—2014)中的新气质量标准验收。

(4)六氟化硫气体在储气瓶内存放半年以上时,使用单位充气于六氟化硫气室前,应复检其中的湿度和空气含量,指标应符合新气标准。

2. 对使用中的六氟化硫气体的监督和安全管理要求

(1)凡充于电气设备中的六氟化硫气体,均属于使用中的六氟化硫气体,应按照《电力设备预防性试验规程》(DL/T 596—2021)中的有关规定进行检验。

(2)六氟化硫电气设备制造厂在设备出厂前,应检验设备气室内气体的湿度和空气含量,并将检验报告提供给使用单位。

(3)六氟化硫电气设备安装完毕,在投运前(充气 24 h 以后)应复检六氟化硫气室内的湿度和空气含量。

(4)设备通电后一般每 3 个月复核一次六氟化硫气体中的湿度,直至稳定后,每 1 年检测湿度一次。发现气体质量指标有明显变化时,应报请六氟化硫监督检测中心复核,证明无误时,应制定具体处理措施并上报六氟化硫监督检测中心,取得一致意见后进行处理。

(5)对充气压力低于 0.35 MPa 且用气量少的六氟化硫电气设备(如 35 kV 以下的断路器),只要不漏气,交接时气体湿度合格,除出现异常时,运行中可不检测气体湿度。

3. 设备解体时的六氟化硫气体监督管理要求

(1)设备解体大修前,应按 IEC480《电气设备中六氟化硫(SF_6)及其混合物的再利用规范》(IEC 60480:2019)和《电力设备预防性试验规程》(DL/T 596—2021)的要求进行气体检验,设备内的气体不得直接向大气排放。

(2)设备解体大修前的气体检验,必要时可由上一级气体监督机构复核检测并与电厂共同商定检测的特殊项目及要求。

(3)运行中设备发生严重泄漏或设备爆炸而导致六氟化硫气体大量外溢

时，现场工作人员必须按六氟化硫电气设备制造、运行及试验检修人员安全防护的有关规定佩戴个体防护用品。

（4）六氟化硫电气设备完成出厂试验后，如需减压装箱时，应参照5.3.1的要求进行气体检验后，方可进行装箱或降压。

（5）六氟化硫电气设备补气时，如遇不同产地、不同生产厂家的六氟化硫气体需混用时，应参照《电力设备预防性试验规程》(DL/T 596—2021)中有关混合气的规定执行。

4. 六氟化硫气体检测仪器的管理要求

（1）对六氟化硫气体检测使用的仪器设备，应制定详细的使用、保管和定期校验制度，并应建立设备档案。

（2）对有关测试仪器、仪表应建立监督与标定传递制度。电厂的仪器由上一级六氟化硫监督检测中心负责定期校验和检定。

（3）各类仪器的校验周期按国家检定规程要求确定。暂无规定的原则上每年校验一次。

（4）各级六氟化硫监督检测中心只有取得计量部门的计量标准考核之后，方可对下属单位的仪器开展定期校验和检定工作。

5. 技术文件和档案的管理要求

（1）电厂应配备以下标准和规程文件：

①六氟化硫气体验收方法；

②六氟化硫气体监督检测仪器仪表的操作规程；

③六氟化硫气体监督检测仪器仪表的检定规程；

④接触六氟化硫气体的有关工作人员的劳动、安全、卫生和保健的有关规定；

⑤个体防护用品使用和维护规程；

⑥IEC 有关的六氟化硫气体使用范围；

⑦《六氟化硫气瓶及气体使用安全技术管理规则》；

⑧《六氟化硫电气设备中气体管理和检测导则》(GB/T 8905—2012)；

⑨《六氟化硫电气设备气体监督导则》(DL/T 595—2016)；

⑩《六氟化硫电气设备运行、试验及检修人员安全防护导则》(DL/T 639—2016)；

⑪有关六氟化硫新气质量、气体湿度、气体泄漏检测的国家标准；

⑫有关六氟化硫气体检测的部颁标准；

⑬有关六氟化硫气体检测的行业标准。

（2）以下文件应归档管理：

①六氟化硫新气验收、每年定期的六氟化硫气体质量检测、大修前后气体分析的原始数据和质量校验报告。

②仪器使用说明书（进口仪器的原文说明书及翻译件），仪器调试、使用、维修记录。

③仪器检定规程和自检规程，仪器定期校验报告。

④有关六氟化硫电气设备的技术档案。

6. 专业技术交流与培训管理要求

（1）为了提高从事六氟化硫气体质量监督与安全管理工作的专业技术人员的技术水平，应开展各类专业技术培训及技术交流活动。

（2）各级六氟化硫监督检测中心应经电力工业部验收合格后，方可开展工作。按《六氟化硫气体运行监督检测中心验收细则》要求，每5年复检一次。

（3）从事六氟化硫气体质量监督与安全管理的专业技术人员必须经过技术培训，并取得主管部门认可的培训单位签发的合格证书。

（4）建立有关测试仪器的计量传递制度，从事仪器校验的工作人员要取得计量部门签发的上岗证书，仪器校验试验室要经过计量部门计量标准考核认证。

6.5.6 仪器、仪表的使用维护管理及检验要求

1. 试验设备上所用的计量标准器必须严格遵守周期检定制度，取得检定合格证后才能在试验中使用。

2. 在使用中发现试验仪器、仪表有问题时，应及时报告有关领导并设法解决。化验人员必须正确使用和维护试验仪器、仪表，保持试验仪器、仪表处于良好状态。

3. 各种试验仪器、仪表应设专人管理、经常保养，定期检查维护，并将检查结果以书面形式作出报告，存入技术档案。

4. 试验仪器、仪表使用后必须恢复非工作状态。试验仪器、仪表在停用及试剂放置期间，应处于合适的环境条件，相关负责人员应经常巡视，至少每周检查清洁一次。

5. 试验仪器、仪表的说明书和证书及试验设备台账、试验原始记录数据应按技术档案保存制度规定妥善保管。

6. 试验前，化验工作人员应熟悉仪器、仪表的使用说明，试验过程必须严格遵守操作规程。非熟练人员不准操作各种试验仪器、仪表。

7. 化验人员必须经培训合格取得《岗位合格证》后，才能独立上岗工作。

6.5.7　油化验室管理要求

1. 未经批准，非工作人员不得进入油化验室。
2. 严禁在化验室内从事与化验工作无关的活动，化验室应保持干净、整洁，通风良好，并备有消防器材。
3. 试验设备上严禁堆放杂物。仪器、仪表放置整齐，试验专用工具和备品应有固定收藏地点，不得外借，室内工作人员使用后应立即放回原处。
4. 在进行油样试验和配制药品时应戴口罩和帽子，试验完毕立即关掉试验仪器电源。
5. 每周星期五下午进行实验室大清扫，认真做好清洁卫生工作。

6.5.8　化学检验人员技术培训要求

1. 化学检验人员应加强专业技术和业务学习，不断提高自身业务水平。单位应组织化学检验人员定期开展培训工作，做到培训有计划、有安排、有记录。
2. 从事化学检验人员，必须经过化学检验培训考核，取得相应检验证书，做到持证上岗。无证人员不得从事化学检验工作。
3. 对于上级主管部门或有关单位组织的有关化学专业技术交流会、研讨会，在有条件的情况下，应尽量组织检验人员参加学习。
4. 化学检验人员应保持相对稳定，化学检验人员中断检验工作一年以上重新工作，应进行实际操作考核。

6.6　电测技术监督管理

6.6.1　电测技术监督范围

1. 电测技术监督的范围包括全厂所有现场的电测指示仪表、电测测量仪表、电量变送器、互感器、电能表、电测量计量装置及测量二次回路等，仪表室内的标准电测仪表、仪器、校验装置、上网电量远传计量装置、电测计量标准装置等。
2. 电测技术监督应贯穿于设备和建设的全过程。对设备运行中使用的电测计量仪表在设计、选型、安装调试、基建验收、量值传递、周期检测、检修维护、技术改进和技术管理以及对电测计量标准装置认证考核等工作的全过程进行监督管理,使电测计量仪表及装置处于准确、安全状态,为设备运行提供准确可靠的计量保证。

6.6.2 监督机构及职责

建立以总工程师为领导的厂级技术监督三级网络;在综合部设立电测技术监督专责岗位,主管本厂的电测技术监督工作;检修部负责电厂的量值传递、仪表检定及有关技术台账的管理工作。电测计量人员必须认真贯彻执行国家、行业、集团公司有关电测技术监督的方针、政策、法律、法规、标准、制度。

1. 总工程师职责

(1) 组织贯彻执行国家及行业有关电测技术监督的方针、政策、法规、标准、规程、制度等。

(2) 组织电厂认真做好主要设备在基建、安装、调试、运行及停、备用过程的电测监督工作。

(3) 组织制定电厂电测技术监督的标准、规程、制度实施细则及技术措施等。

(4) 组织调查研究与电测计量有关的重大设备事故和缺陷,查明原因,采取措施,并上报公司技术监督办公室。

2. 电测监督专责工程师职责

(1) 协助总工程师做好本厂的电测监督工作。

(2) 负责电测计量标准的建立和完善,制定设备购置计划和经费预算;制定设备送检计划、组织力量解决标准中存在的问题。

(3) 负责组织电厂有关电测计量工作的指标考核、量值传递、各类表计及装置的分类、评级、资产管理等工作。

(4) 负责审查电测专业检定报告及试验报告,完善电测专业各检验装置的操作规程及有关规章制度,并监督执行。

(5) 负责制定电测专业人员培训计划,组织新人员上岗培训考核。

(6) 参与电测计量装置的选型和计量检测点的设置工作;参加计量故障和事故的调查分析。

(7) 负责电测监督工作报表、总结的上报工作。

3. 计量工程师或技师职责

(1) 协助电测专责人员做好电测监督工作,解决标准传递中存在的问题,负责专业检定人员的技术培训、标准传递技术资料及检定记录的整理归档,编写各种标准装置操作规程。

(2) 负责新购设备的首次起动,熟悉本专业标准仪表、仪器及检验装置的原理、工艺要求、故障处理、维护保养,负责标准仪器及检验装置的日常维修及故障排除。

(3) 熟悉各种校验方法,编写测试检验报告,参与本专业计量检定工作。

(4) 负责检查现场计量仪表、校验室标准仪器仪表的定期检定工作,确保主要电测仪表周检率及调前合格率等指标的完成。

(5) 负责监督计量装置综合误差,确保传递校验用标准装置和现场重要场所计量装置的综合误差合格。

4. 电测计量工作人员的职责

(1) 负责对全厂现场电测量仪表、电量变送器、电能表和试验室标准表的送检和自检的定期检定工作。

(2) 熟知标准仪器仪表的结构和原理,熟悉本专业基本知识,能按规程要求正确进行操作、读数和调整、掌握一般修理工艺,参加本专业仪表仪器修校。

(3) 熟练掌握法定计量单位和数据处理方法,认真负责进行表计检定,做到记录齐全、数据处理正确、检定证书填写规范、说明准确、字迹清晰。

(4) 严格遵守各项规章制度,电测计量仪表、标准计量装置应保持整洁、完好、封印完整,标志正确、清晰、齐全,并有有效期内的检定合格证书。

(5) 负责把关各类电测计量仪表和装置安装使用前的检测,必须按相应检定规程检定、测试,未经检定或检定不合格的不得安装使用。

(6) 建立健全有关电测计量的各种技术台账,测试报告一式两份,一份仪表室保存,一份交至档案室存档。

6.6.3 技术监督管理工作

1. 目前本厂的电测计量器具、装置暂时统一由检修部管理,严格执行电测仪表周检计划,确保电测仪表周检率、调前合格率、轮换率、标准设备覆盖率、完好率达到要求。建立健全电测设备技术档案。发现问题及时处理,如遇重大问题,应如实上报。

2. 电测技术监督考核指标如下:各种重要电测仪表(包括摇表和接地摇表)的校验率为100%,调前合格率不低于98%,重要计费计量装置PT二次导线压降合格率均应为100%。

3. 综合部根据机组大、小修计划等制订出仪器仪表周检计划,严格按照周检计划开展仪器仪表检定,杜绝超周期检定现象。

（1）计量标准器检定周期应根据规程要求进行周期检定，检定周期一般为 1 年；

（2）等级指数等于和小于 0.5 级的仪表检定周期一般为 1 年，其余仪表检定周期一般为 4 年；

（3）重要电量变送器检定周期为 1 年，一般电量变送器检定周期为 3 年；

（4）110 kV 及以上电压、电流互感器应具有一次性检定证书；

（5）关口及重要电能计量装置中电压互感器二次回路电压降至少每 2 年测试一次，其他电压互感器二次回路电压降至少每 4 年测试一次；

（6）交流采样（RTU）装置要进行全面检定，首次安装必须对遥测、遥信和遥调功能进行检定和调试；

（7）各单位的电测最高标准器应按送检计划送检，做到无一漏检。

4. 逐步建立符合规程要求的试验室，计量检定人员保持相对稳定，计量标准装置、仪器、仪表保持良好的工作状态，并按时做好送检和自检工作，确保计量标准和计量人员始终具备有效期内的考核证书。

5. 要消除下列计量差错，即：附件差错、接线差错、倍率差错、卡针卡字、电压互感器断保险、电流互感器开路、仪表短路、因标准有误造成大批表计误调返工、电容补偿线路上的电流互感器出现一次线圈短路。

6. 要避免下列常见的不合理方式，即：用电力变压器代替电压互感器，同一计量装置的电流、电压互感器分别接在电力变压器高低压两侧，电压互感器的额定电压与线路电压不符，互感器实际负载误差超过准确等级，电流互感器变比过大，电压互感器的二次导线压降过大，用一只单相电能表计量三相无功电能，计费电能表与继电保护混用同一电流互感器二次回路，用电能变送器代替电能表。

7. 要防止以下违章行为，即：擅自启封表盖，更换或调整内部零件，擅自挪用或转借标准仪表，擅自改变计量接线或互感器变比而不及时通知仪表专业人员，隐瞒仪表丢失或损坏事故，擅自使用无检定证书的仪表与设备。要防止仪表的五种恶性损坏，即：烧毁、摔落、拆散、颠震、挤压。

8. 计量仪表及设备的购置选型、技术参数的核定应征求电测监督部门意见。计量仪表及设备到货后，应有专业监督人员的验收签字方可入库。

9. 在运行和使用中的仪表，如发现缺陷或故障，必须由计量检定专业人员处理，非专业人员不得擅自调整和开封处理。运行中的仪表未经电测监督专责人员同意和总工程师批准，不得无故停止运行。

10. 新投运或改造后的关口电能计量装置应在 1 个月内进行首次现场检

验,关口用电能表至少每 6 个月现场检验一次。

11. 运行的关口电能计量装置中电压互感器二次回路电压降应定期进行检验。对 35 kV 及以上电压互感器二次回路电压降,至少每 2 年检验一次。当二次回路负荷超过互感器额定二次负荷或二次回路电压降超差时应及时查明原因,并在 1 个月内处理。

12. 现场检验数据应及时存入计算机管理档案,并应用计算机对电能表历次现场检验数据进行分析,以考核其变化趋势。

13. 0.2 级及以上仪表的降级,应报上一级监督机构备案。

14. 标准装置、标准仪表的报废、封存、停用、降级应经主管计量领导批准,并报上一级监督机构备案。0.5 级以下仪表的报废、封存、停用、降级应经综合部批准。

6.6.4 计量标准器具和装置使用维护管理要求

1. 计量标准器具和装置应严格遵守周期检定制度,使用中或新购置的标准器具和装置都应及时送检。

2. 逐步建立健全电厂计量标准装置的量值传递系统图,严禁在不合格的检验装置上进行量值传递。

3. 从事量值传递的工作人员必须持证上岗。凡脱离检定岗位 1 年以上的人员,必须重新进行考核,合格后方可恢复工作。

4. 在使用中若发现计量标准器具和装置的问题,应及时报告有关领导并设法解决,计量标准器具和装置使用人员必须尽一切努力保持计量标准器具和装置处于良好状态。

5. 标准器具和装置使用后必须恢复非工作状态,并保持试验台和仪器的整洁。

6. 计量标准器具和装置由操作该标准器具和装置的检定人员定期维护,检查鉴定,并将检查结果用书面形式作出报告,存入技术档案。

7. 标准器具和装置在停用期间,应保持合适的环境条件,经常巡视,至少每周清洁一次。

8. 有关标准器具和装置的说明书和各种证书,应按仪器仪表台账管理制度的规定妥善保管。

9. 新购置的设备到货时,应有专责工程师在场方得开箱,如发现有质量问题、数量短缺、品种规格不符时,要及时报告生产部进行处理。

10. 对于新购置的标准仪器或装置,在使用前必须熟悉使用说明书,首次启动必须有计量专责工程师在场指导。

11. 使用计量标准器具和装置时必须严格遵守操作规程，严禁无证人员从事量值传递工作。计量实习人员须在有证人员指导和监护下方能进行操作和维护。

12. 计量标准装置应定期及在计量标准器送检前后、或修理后进行比对，建立计算机数据档案、考核其稳定性。

13. 计量标准装置考核（复查）期满前6个月必须重新申请复查，更换主标准器后应按《计量标准考核规范》（JJF 1033—2023）的规定办理有关手续，环境条件变更时应重新考核。

14. 电测计量标准器、标准装置经检定不能满足等级要求但能满足低一等级的各项技术指标的，经当地计量标准检定部门认可后可允许降级使用。

15. 建立计量标准装置履历书。计量标准装置应明确专人负责管理。

16. 严禁随意拆卸、改装试验设备、仪器、仪表，如因生产和科研需要对某些试验设备、仪器、仪表进行改造时，应按规定提出技术方案，上报生产部，待批准后施行。

6.6.5　事故分析报告管理要求

1. 工作中若发生工伤事故、设备事故、设备故障，其负责人或当事人应尽快向厂部和生产部报告。

2. 事故主要责任者或当事人应在事故发生后一日内写出事故报告，如实提供事故情况，以便查明事故原因，分清事故责任。

3. 工伤事故、设备事故、设备故障的定性按《电力生产事故调查规程（试行）》的有关规定执行。

6.6.6　检定记录、证书核定、检验报告审批管理要求

1. 经检定合格的仪器、仪表，应发给《检定合格证书》；检定不合格的仪表、仪器，应发给《检定证书、检定结果通知》；原始数据记录表格应符合规范。

2. 标准仪器、仪表的检定证书、检验报告由检定员填写，签名后交审核人员签字，再由电测计量专责人签名批准。

3. 检定中出现的差错应由检定员负责，审核后出现的差错由审核人负责。

4. 审核人员应对原始记录、数据处理、误差计算、检定证书填写质量等进行审查，必要时应询问其检定设备、检定方法等问题。

5. 电测计量专责人审核检定证书,一般不审核原始记录,在检定证书中存在的问题而未被发现的,应由专责人负责。

6.6.7 仪表、仪器收发管理要求

1. 对检修室以外送检的仪表、仪器,一律由管理员进行登记并填写委托单一式两份,一份存底,另一份交委托方作为提取仪器的凭据。
2. 送检的仪器修校完毕,检定员应立即通知管理员,由管理员书面通知委托方尽快提取。
3. 发放仪表、仪器时要认真按委托单上登记的品名、型号、出厂编号等进行核对,以免错发。
4. 检定证书随同送检仪表、仪器一起发放,并要求委托方妥善保管,下次送检时一同送来。

6.6.8 仪器、仪表周检管理要求

1. 周检计划由本厂专责工程师安排。
2. 周检计划包括本厂仪表、仪器自检及送上级检定机构检定的时间安排。下年度的自检送检计划应于本年度 12 月底做出,由生产部汇总后分别送上级检定机构及下达厂属各部门。
3. 安排计划时应充分考虑到本厂的实际情况,尽量减少因标准设备送检而造成对工作的影响,以保证计划的严肃性。
4. 对未能按计划送检的仪器、仪表应及时了解不能送检的原因,并通过协商另行安排。
5. 应选派熟悉送检仪表、仪器的人员送检仪表、仪器,送检的标准器具应妥善包装,避免运输途中损坏。

6.6.9 技术档案、仪器仪表台账、标志管理要求

1. 有关专业标准器具和装置的技术档案保存在检修室,应做到针对一个装置设置一个文件夹,集中存放与该装置有关的技术档案。
2. 同一装置的技术资料应编号放置在文件夹内;查阅与该装置有关的资料后,应及时将资料放归原处。
3. 外出考察学习、生产试验、新设备试验等取得的资料,按厂资料室有关规定办理。
4. 所有电测设备应标志正确、清晰、齐全,仪表与控制装置的接线端子应

有明显的标志。

5. 仪器仪表标志上不得污损、不得任意涂写勾画。

6.6.10 仪器、仪表检定报告与原始记录管理要求

1. 检定、试验或测试记录资料应由仪表室妥善保存，保存期一般为3年。

2. 电测设备的检定、试验或测试记录资料应保存两份。检修室保存一份，厂资料室保存一份。

3. 建立健全电测仪表、电测设备和电测计量标准器具的技术台账，做到记录准确，资料齐全，并实现计算机系统动态管理。

4. 检定记录、测试报告应按有关检定规程要求，填写规范。

6.6.11 关口计量装置管理要求

1. 关口计量装置的配置必须满足《电能计量装置技术管理规程》(DL/T 448—2016)中的配置原则。

2. 关口计量装置的技术资料应由仪表室专门保存，建立技术台账，做到记录准确，资料齐全。

3. 关口计量装置必须按规定的周期进行检定，未经检定或检定不合格的装置不得投入使用。

4. 在已经铅封的关口计量装置回路上工作前，须经相关单位同意才能进行工作。工作结束后须经双方人员确认后立即进行铅封。任何人不得随意拆除或损坏铅封。

5. 关口计量装置的管理按《电能计量装置技术管理规程》(DL/T 448—2016)进行。

6.6.12 电测技术培训管理要求

1. 电测人员应加强专业技术和业务学习，不断提高自身业务水平。单位应组织电测人员定期开展培训工作，做到培训有计划、有安排、有记录。

2. 从事电测仪器仪表检定人员，必须经过电测计量培训考核，取得相应计量检定证书，做到持证上岗。无证人员不得从事电测仪器仪表检定工作。

3. 对于上级主管部门或有关单位组织的有关电测专业技术交流会、研讨会，在有条件的情况下，应尽量组织人员参加学习。

4. 从事检定和修理的人员应具有高中及以上的文化水平，应掌握必要的电工学、电子技术和计量基础知识，熟悉相关计量器具方面的原理、结构，能

操作计算机进行工作。

5. 电测计量检定人员的考核(复查)应按照《计量检定人员考核管理办法》进行。

6. 计量检定人员应保持相对稳定,计量检定人员中断检定工作 1 年以上重新工作,应进行实际操作考核。

6.7 绝缘技术监督管理

6.7.1 一般要求

1. 电气绝缘技术监督(以下简称"绝缘监督")工作是保证电气设备健康和正常运行的重要环节,是确保电力设备安全的重要措施,也是电力工业技术管理的一项重要基础工作。

2. 根据安全生产管理的需要,电气设备的绝缘监督工作应深入设计、产品选取、出厂验收、基建安装、调试、运行、停用、检修及技术改造等各个环节,实现对设备全过程的质量监督与管理。

3. 绝缘监督工作的目的:认真贯彻电业"安全第一、预防为主"的方针,不断提高设备的健康水平,防止和消灭绝缘事故,确保电气设备的安全运行。

4. 绝缘监督工作的任务:认真贯彻执行有关规定和制度与反事故措施;掌握设备的绝缘变化规律,及时发现和消除绝缘缺陷;分析绝缘事故;制定反事故措施,不断提高电气设备运行的安全可靠性。

5. 绝缘监督工作要依靠科学技术进步,采用和推广成熟的、行之有效的新技术、新方法,不断提高绝缘监督的专业水平。

6.7.2 监督管理机构及职责

建立健全以总工程师为领导的绝缘技术监督三级网络,综合技术部设立绝缘技术监督专责工程师岗位,检修部设立绝缘技术监督专责岗位,各级绝缘监督专责人均应接受上一级专责人的业务指导,严格执行各项规章制度。各级人员职责如下:

1. 总工程师的职责

(1) 组织贯彻执行上级有关绝缘监督的指示与规定,组织制定电厂有关绝缘监督的规章制度、技术措施与实施细则。

(2) 定期组织绝缘监督分析会,了解电气设备运行、检修、预试和消缺情况，发现问题及时处理，如遇重大问题，应如实上报，建立健全电气设备技术档案。

（3）组织研究电厂重大绝缘事故（含污闪与过电压）和重大设备绝缘缺陷，分析原因、制定对策。

（4）组织协调电厂检修、运行、生技等部门以及绝缘监督、防污闪、过电压等专责工程师的工作，共同完成绝缘监督任务。

（5）关心并解决电厂开展绝缘监督工作所必需的人员与试验设备的配置、试验室条件和人员培训等，不断提高绝缘监督专业水平。

（6）负责组织电厂新建、扩建工程中电气设备的设计审查、设备选型、监造、出厂验收、安装调试质量监督等工作，做好新建、扩建工程高压试验仪器仪表的购置、试验室的建立以及试验人员的配备与培训等项生产准备工作。

2. 绝缘监督专责工程师的职责

（1）绝缘监督专责工程师应由熟悉电气一次设备及相关知识的专业人员担任。

（2）在电厂总工程师的领导下，具体做好督促检查与组织协调电厂的绝缘监督工作，及时掌握主要设备绝缘状况与防污闪、过电压专业工作情况，代表电厂与技术监控管理服务单位联系业务工作。

（3）制订或参与制订电厂的年度绝缘监督工作计划，并督促检查有关部门认真执行规程、全面完成绝缘监督工作计划，组织编写电厂年度绝缘监督工作总结，按时上报绝缘监督各种报表和总结。

（4）督促电厂检修、运行部门及时处理或安排消除预试或检修中发现的设备缺陷，按时、如实上报设备预试、绝缘缺陷和绝缘损坏事故、污闪与过电压事故季度报表，对危及安全的重大缺陷应立即上报公司及技术监控管理服务单位。

（5）参加电厂绝缘监督工作会议、检修质量验收和绝缘事故分析会，提出提高设备健康水平和防止绝缘事故的措施并制订整改方案。

（6）参与设计审查及设备选型等工作，协助电厂有关部门解决绝缘监督工作中的技术问题和组织专业培训。

3. 检修部绝缘专责人员职责

（1）全面负责电厂电气设备的试验与监督工作，制订试验计划，编写工作总结。

（2）认真贯彻执行有关规程、制度与反事故措施，按规定做好试验工作，努力提高试验质量，写好试验报告，认真分析设备绝缘状况并得出明确的结论。

（3）掌握电气设备绝缘状况，参加事故分析，提出改进意见和防止措施，并配合运行、检修人员消除缺陷。

（4）对于在试验中发现的电气设备缺陷和异常情况，应向电厂（或本部门）领导和绝缘监督专责人做出书面汇报，对发现的重大缺陷应立即报告有关领导和绝缘监督专责人。

（5）建立健全绝缘监督技术档案，不断总结电气设备绝缘变化规律，探索新的试验方法与手段。

（6）积极开展技术练兵、技术问答等多种形式的培训活动，努力提高自身专业素质。

4. 运行工作人员的职责

（1）运行值班人员应按现场规程，定期巡视、检查电气设备的运行情况，定期分析电气设备绝缘状况，保证电气设备安全运行。

（2）发现电气设备异常情况，应按规程采取措施或与有关部门联系处理，必要时应上报有关领导和绝缘监督专责人。

（3）建立健全与绝缘监督有关的运行记录和电气设备技术档案。

5. 电气检修部门绝缘工作人员的职责

（1）认真按照有关设备的检修规程进行电气设备的检修工作，做到应修必修，修必修好。对试验或检修中发现的缺陷应及时安排处理，以达到年度消缺率指标。超期未修，应上报有关领导和绝缘监督专责人备案。

（2）针对一时难以消除的电气设备缺陷或绝缘薄弱环节，应研究采取相应措施，并积极创造条件予以消除，提高设备健康水平。

（3）电气设备检修后，必须进行质量验收，并在电气设备技术档案上详细记录检修情况。

（4）对于重大设备绝缘事故或缺陷，应进行解体检查，分析原因、制定对策，防止重复性事故的发生。

6.7.3 受绝缘监督的电气设备

1. 10 kV、110 kV、220 kV变压器，断路器，互感器，避雷器，耦合电容器，接地装置。

2. 四台发电机。

3. 其他设备：除上述电气设备以外的设备（包括直流系统）。

4. 上述电气设备的预试计划、缺陷情况、预试完成情况、设备健康状况等，要以监督计划、绝缘缺陷报表、监督工作总结的形式上报各技术监控管理服务单位。

5. 对于电气设备缺陷和危及安全运行的设备缺陷，要及时消除。

6.7.4　绝缘试验标准装置使用维护管理要求

1. 绝缘试验标准仪器、仪表、装置应严格遵守《设备定期试验、定期校验、定期工作规定》进行定期检验，使用中或新购置的标准器和装置应定时送检，取得相应级别的检定合格证书后才能使用。

2. 在使用中若发现试验标准器和装置有问题，应及时报告有关领导并设法解决，使用人员必须保持试验标准器和装置处于良好状态。严禁使用不合格的标准器和装置进行试验工作。

3. 绝缘试验标准器和装置使用后必须恢复非工作状态，并保持试验标准器和装置的整洁。试验标准器和装置停用期间，应处于合适的环境条件，由专人经常巡视，至少每周一次。

4. 有关试验标准器和装置的说明书和各种证书，应按技术档案管理制度规定妥善保管。

5. 新购置的设备到货时，必须有专责人员在场才能开箱，如有质量问题、数量短缺、规格不符等问题时，要及时报告生产部门进行处理。

6. 新购置的试验标准器和装置在使用前必须熟悉使用说明书。

7. 使用试验标准器和装置测量设备绝缘性能时必须严格遵守操作规程，严禁无证人员从事绝缘试验工作，实习人员必须在有证人员指导和监护下方能进行操作和维护。

8. 严禁随意拆卸、改装试验设备、仪器、仪表，如因生产需要，确需对某些试验设备、仪器、仪表进行改造时，应按规定提出方案，上报生产部，待批准后施行。

9. 试验标准器和装置的报废及处理按厂部有关规定办理。

6.7.5　事故分析及报告管理要求

1. 工作中若发生工伤事故、设备事故、设备故障，其负责人或当事人应尽快向厂部报告。

2. 事故主要责任者或当事人应在事故发生后一日内填写事故报告表，填写时态度要端正，如实提供事故经过，不得隐瞒真相或制造假象现场，责任明确者应主动承认责任，责任不明确者通过事故分析明确责任。

3. 事故分析会由生产部召集有关人员举行,分析事故应实事求是,以理服人,并按"四不放过"原则处理事故。

4. 工伤事故、设备事故、设备故障的划分按厂部有关规定执行。

5. 严格执行技术监督工作报告制度。绝缘技术监督项目及指标完成情况,应按规定格式、规定时间报技术监控管理服务单位,每年1月5日前将绝缘监督年度总结报技术监控办公室和技术监控管理服务单位。

6.7.6　设备检修制度及验收管理要求

1. 设备检修后应填写检修记录、验收卡,原始记录表格应符合规程规范。

2. 检修记录、验收卡由工作负责人填写一式二份,签名后交到班组审核、签名,再由总工程师或综合部领导(或绝缘监督专责人)签名、批准,方可结束工作票。检修记录一份由班组保管,另一份交综合部绝缘监督专责人员保管。

3. 检修记录中出现的差错应由工作负责人负责,审核后出现的差错由审核人负责。

4. 审核人应对设备试验结果的原始记录与设备历次试验结果相比较,进行全面分析,判断设备绝缘是否合格。

6.7.7　设备试验管理要求

1. 电气设备的试验项目、周期与要求按《电力设备预防性试验规程》(DL/T 596—2021)中的有关规定进行。

2. 发电机、变压器等电气设备需停电进行的试验项目,应结合机组大、小修时进行。

6.8　继电保护及安全自动装置技术监督管理

继电保护及安全自动装置贯穿设计、安装、调试、运行、检修和技术改造的全过程,应坚持"安全第一、预防为主"的方针,按照依法监督、行业归口的原则实行继电保护的责任制管理和目标考核制度,全面掌握所辖设备的运行情况,及时消除装置缺陷,保证其可靠投入运行。

6.8.1　监督管理机构及职责

1. 右江电厂继电保护技术监督工作实行以总工程师为领导的三级管理技术监督网络。

2. 生产技术部、检修维护部的继电保护专责工程师，是右江水力发电厂第二、三级继电保护技术监督工程师。继电保护技术监督小组由总工程师、继电保护技术监督工程师、电气班主任工程师及有关人员组成，在总工程师领导下从事继电保护的技术监督工作。

3. 总工程师是技术监督的最高级别领导，其职责如下：

（1）贯彻落实国家、行业以及公司有关继电保护、安全自动装置技术监督的政策、法规、标准、制度，对电厂继电保护及安全自动装置技术监督行使领导职能。

（2）组织制定电厂继电保护及安全自动装置技术监督制度、工作规划和年度计划。

（3）组织并参加电厂因继电保护监督不力而发生的事故的分析调查工作，制定反事故措施，针对继电保护监督问题做出决策。

（4）建立电厂继电保护监督网络，布置电厂全年继电保护监督工作，对电厂继电保护监督工作进行检查和监督。

（5）组织电厂继电保护及安全自动装置技术改造的设计审查，参与继电保护、安全自动装置的选型工作。

4. 检修部在总工程师领导下做好日常的技术监督工作，其职责如下：

（1）贯彻执行广西电力试验院有关继电保护技术监督的方针政策、法规、标准、规程、制度、条例等，并制定电厂的实施细则和有关技术措施。

（2）对所管辖设备的继电保护装置实行从工程设计、选型、安装、调试到运行维护的技术监督工作，建立健全设备的图纸资料及运行技术档案（包括设备定级记录本）。负责厂内继电保护装置的技术监督工作。发现问题及时分析处理，如遇重大问题，应如实上报。

（3）制订电厂年度技术监督工作计划，并报上级继电保护技术监督组审查。将继电保护技术监督工作的具体任务、指标落实到有关部门和班组，做好有关的协调工作，及时监督检查工作计划的执行情况。

（4）建立继电保护试验室，使保护试验室能满足厂内调试及培训的要求。

（5）加强继电保护工作人员和运行人员的培训，不断提高技术监督的专业水平。

（6）参加电厂新建、扩建、更新改造工程的设计审查、施工质量的检查及验收工作。

（7）对电厂继电保护不正确动作事故组织调查分析。根据所管辖继电保护的具体情况，制订反事故措施计划及每年的定期检验计划，并监督实施。

（8）负责组织编写所管辖继电保护的现场运行规程，培训运行值班人员，使值班员能做到正确地投、退保护。在保护出现异常情况或保护动作后，能准确地记录动作信号，并立即向中调汇报。

（9）按部颁有关运行整定规程要求，对电厂负责整定计算的保护设备进行保护整定计算（按运行管理规程及有关文件规定），做到计算稿有人审核，保护整定值有人签发批准。负责其运行管理，确定保护方式、编制整定方案，编写保护运行说明及向有关网区提供综合阻抗。协调好下一级整定计算交界点的定值配合，督促、检查、指导下一级继电保护的整定计算工作。

5.继电保护班组是继电保护工作的具体执行机构，其职责如下：

（1）严格执行公司以及各级管理部门制定的有关继电保护技术监督的方针政策、法规、标准、规程、制度、条例及电厂规章制度，认真完成各项继电保护技术监督工作。

（2）按规定认真做好保护装置的试验工作，及时处理在设备运行中出现的保护缺陷，做到工作前准备充分，工作中仔细认真，工作后详细检查，现场工作记录交代清楚，结论明确。

（3）整理好保护装置的试验记录，按要求记录好继电保护设备定级记录本，按继电保护设备责任制管理的要求，管理好有关的保护图纸、保护定值通知单和有关资料，并按上级的要求实现计算机系统管理。

（4）管理好保护试验室，对所使用的保护试验设备要认真维护、妥善保管，按计量的有关规定定期校验。

（5）定期开展班内的安全学习活动，对继电保护事故及时组织分析，提出具体的反事故措施，报主管领导审定。

（6）组织班内的技术培训工作，积极学习新技术，不断提高继电保护工作人员的技术水平。

6.8.2 新设备的入网管理要求

1.要入网运行的继电保护产品，必须经部级以上质检中心确认其技术性能指标符合有关规定，且经试运行考核，证实其性能质量满足部有关规定的产品质量。对于广西电网首次选用的产品，坚持先行试点取得经验再逐步推广应用的方针。

2.新产品（含新研制样机及技术鉴定后新产品）试运行应按电网调度管理范围直接向上一级继电保护监督部门履行审批手续，并报中心调度所备案。

3.生产厂家和接受试运行单位应签订书面协议（或合同），明确试运行方案和各方在产品试运行期间的职责(包括费用、期限、事故处理等)。

4. 接受运行单位在决定试运行的具体地点和方案时,应充分考虑保证电力系统安全,并取得相应继电保护技术监督部门认可。在试运行期满后,应负责提出正式的试运行报告,作为鉴定依据之一并报中心调度所。

5. 履行正式审批手续的试运行产品在试运行期间,如发生事故,原则上按公司制定的《生产事故调查规程》的有关规定处理。

6. 未经有关部门批准,擅自接受新产品试运行者,要追究责任;因此而发生事故,当事者要对事故负责,并接受严肃处理;提供该产品者应赔偿有关事故损失。

7. 无论国内生产或进口继电保护装置,凡部、局中调所明令停止订货(或停止使用)的;行业整顿中不合格的;根据运行统计分析及质量评议提出的事故率高且无解决措施的;不满足反事故措施要求的;未经鉴定的;经质检不合格或拒绝质量监督抽查(检查)的产品应禁止入网运行。

6.8.3 工程设计、基建阶段继电保护技术监督管理要求

1. 在系统规划、系统设计和确定厂、站一次接线时,应考虑继电保护装置技术性能、条件和运行经验,征求继电保护技术监督部门的意见,使系统规划、设计及接线能全面综合地考虑一次和二次的问题,以保证系统运行安全、合理、经济。

2. 新建、扩建、技改工程,必须从整个系统统筹考虑继电保护设计问题。继电保护装置的选型、配置方案应符合公司有关继电保护反事故措施要求,应向设计部门提出继电保护技术监督方面的具体意见。

3. 各级继电保护部门应按照分工范围参加工程设计审查,参与继电保护配置、保护方式及装置选型。

4. 继电保护配置、选型一经确定,设计单位必须严格按设计审查意见进行施工图设计和提供订货清册;设备订货单位必须按设计单位提供的订货清册订货,不得擅自更改。

5. 对首次进入系统的重要继电保护装置,应要求电网调度部门、试研院会同制造单位一同参加出厂试验和验收工作,了解其结构特点,掌握其技术性能和各种技术数据。

6. 安装单位应严格按照公司颁布的有关继电保护规程、技术规范、反措要求等,进行设备安装施工、调试等工作,保证质量并形成完整的技术资料。

7. 新建、扩建、技改工程继电保护装置应有电厂人员介入调试,了解装置

的性能、结构和参数,并对装置按规程和标准进行验收。

8. 新安装继电保护装置竣工后,应进行项目验收。

9. 新建输变电工程投入运行时,相应设计安装的全部继电保护装置应同时投入运行。

6.8.4 技术监督管理要求

1. 继电保护技术监督工作,实行监督报告、签字验收和责任处理制度。

(1) 继电保护动作统计报表及其他考核指标应按规定的格式和时间如实上报。对重要问题应进行专题报告。

(2) 建立和健全执行保护定值通知单、保护试验报告和设备材料、工作质量全过程监督验收的签字制度。保护定值通知单要求计算、审核、批准及执行人签名。保护试验报告要求试验、审核人签名。

(3) 对质量不符合规定要求的设备材料以及安装、检修、改造工程,技术监督部门和人员有权拒绝签字验收,并可越级上报。

(4) 凡由于技术监督不当,自行减少保护的试验项目,降低保护设备试验标准而造成严重后果的,要追究当事者的责任。

2. 建立健全继电保护装置的全过程技术档案。

(1) 继电保护装置的制造、安装、调试、运行、检修、技术改造等全过程质量管理的技术资料应完整和连续,并与实际相符。

(2) 每一套继电保护装置在投产时,应设立该设备的《继电保护设备定级记录本》,并进行投产前的第一次定级。

(3) 投产后应详细记录该设备的缺陷处理情况、动作情况和定检、定级情况,以建立好设备的运行档案。

(4) 设备主管部门应及时按档案管理的有关规定,做好新建、扩建及更新改造工程设备图纸、资料的归档工作和设备投运后的技术档案管理工作。

(5) 努力实现图纸、资料和试验报告等档案管理的规范化、微机化。

3. 各级继电保护技术监督部门要对继电保护装置及其备品、备件和保护试验仪器仪表的质量严格把关,防止不合格或不符合要求的产品进入企业。

4. 各有关部门均应制订继电保护技术监督人员的培训和考核计划,不断提高其技术水平。

5. 继电保护技术监督工作的考核

(1) 对检修、调试、管理不善而造成的责任事故,实行通报批评,并视事故责任程度扣罚事故责任部门。

（2）对生产技术部、检修部和保护班考核的内容和办法参考公司制定的相关规程制度要求执行，在检查考核前各部门和班组应按要求进行自查自评。

6. 监督报表及计划管理

（1）继电保护技术监督工程师于12月底上报电厂当年继电保护及安全自动装置年检完成的情况及下年度年检计划。7月5号前上报上半年年检完成情况。

（2）继电保护技术监督工程师于6月底上报下年度更改计划。

（3）每月第5个工作日前上报统计分析月报表。

（4）发生事故后按规定上报录波报告。

（5）汇报定值通知单执行情况。

6.8.5 试验设备、仪器仪表和备件的配置与管理要求

1. 按照实际需要配备合格的试验设备、仪器仪表和备品备件。

2. 继电保护试验用仪器、设备及仪表应认真登记在案并定期交由电测仪表部门进行检测，以保证其精确度。

3. 经检验证实不符合标准的仪器、设备及仪表，应立即停止使用，并进行调整和修复，确实不能修复的仪器、设备及仪表，应上报电厂主管部门报废、更新。绝不允许在继电保护调整试验中使用未经检测或检测不合格的仪器、设备及仪表。

4. 使用仪器、设备及仪表必须参照说明书，严禁超规范使用。

5. 继电保护试验用仪器、设备及仪表外出使用或外单位借用时，必须履行借用手续，并经技术主管部门领导同意后，方可借用。

6. 备品备件的使用以及管理参照电厂《备品备件管理制度》执行。

6.8.6 技术资料、图纸管理要求

1. 所有的图纸技术资料以设备为划分标准进行分类整理，做好标记和目录，并实行集中管理，任何人不能将图纸技术资料据为己有。

2. 任何人在查阅图纸技术资料时，要妥善管理好，不能剪裁、拆卷、抽页、勾画、涂改、损坏，查阅完后要及时放回原处。

3. 现场实际接线改变时，若改变内容很少，则在相应图纸资料上用红笔进行修改，并应在改动部分旁标注修改人以及修改时间。

4. 修改幅度较大时，要有总工程师或生产部批准的修改、补充通知单后，

方可修改,必要时,应另出新图代替,原来图纸作废,新图纸列入原图目录,并注明所代替的原图图号,作废的图纸应注明新图的编号,根据需要另行保管。

5. 班组图纸技术资料日常整理工作由班组主任工程师负责。

6. 设备检修、技术改造等总结报告、检修记录,应在检修完后,按规定进行整理,并报给各级管理部门,同时班组要留有存档。

7. 新建、扩建、改造工程等设备进行技术改造后,由项目负责人负责竣工图纸技术资料的整理归档工作,其他工作人员负责协助完成。

8. 班组所保存的图纸技术资料必须与现场设备保持一致。

9. 对因设备改造等原因,原图纸技术资料已经没有使用价值时,要及时进行清理工作,但必须经得生产部、主管领导审批后方可进行销毁工作。

10. 非本班组人员借阅图纸技术资料时,必须经得当班负责人的同意,若需要借离班组时,必须履行借阅手续后方可借出。

11. 将参照有关工作标准和《设备综合管理制度》进行考核和奖励。

6.8.7　计算机应用软件使用管理要求

1. 计算机应用软件的收集、整理、归档、保管由班组主任工程师负责,实行集中管理,任何人要借用计算机应用软件必须经班组主任工程师的同意。

2. 班组主任工程师负责将班组所有的计算机应用软件以设备为划分标准进行分类整理,做好标记,并在班组电脑非系统盘上或用光盘做好备份,并附有安装使用说明。

3. 属于继电保护专业的计算机应用软件,除了在班组电脑非系统盘上或用光盘做好备份外,还要在继电保护管理系统上做好备份,并附有安装使用说明。

4. 任何人在使用计算机应用软件时,要妥善管理,不能损坏、修改软件内部参数,使用前要对计算机进行病毒清除工作,不能在有病毒的计算机上使用。

5. 对因设备改造等原因,原计算机应用软件已经没有使用价值时,要及时进行清理工作,但必须经得生产部、主管领导审批后方可进行销毁。

6. 非本班组人员来借计算机应用软件时,必须经得当班负责人的同意,若需要借离班组时,必须要履行借阅手续后方可借出。

7. 将按照本厂《安全生产奖惩制度》进行考核和奖励。

6.9 励磁系统技术监督管理

6.9.1 一般要求

1. 发电机励磁系统技术监督管理工作应贯彻"安全第一、预防为主"的方针，实行技术管理责任制，按照依法监督、分级管理的原则，对发电机励磁系统的规划、设计、选型、制造、安装、调试、生产运行实行全过程的技术监督管理。

2. 发电机励磁系统技术监督管理工作要依靠科技进步，采用和推广先进的有成熟运行经验的励磁系统及试验设备，不断提高励磁系统的安全、可靠运行水平。

3. 发电机励磁系统对电网安全稳定尤为重要。要严格按照行业归口的原则，在加强内部监督管理的同时，接受当地电力公司调度部门的监督管理。

4. 励磁系统技术监督管理工作必须贯彻执行《中华人民共和国电力法》及《电力工业技术监督工作规定》等有关法律法规。遵循依法监督、统一领导、分工负责、行业归口的原则，对电力建设和生产全过程实施技术监督。

6.9.2 监督管理机构及职责

1. 右江水利开发有限责任公司是励磁系统技术监督管理工作的领导机构。右江电厂受公司领导，负责组织贯彻执行上级有关励磁系统技术监督管理的指示、规程、制度和反事故措施。

2. 右江电厂励磁系统技术监督管理工作实行以总工程师为领导的三级技术管理网络。

3. 综合部、检修维护部的励磁系统技术监督管理专责工程师，是右江电厂第二、三级励磁系统技术监督管理工程师。励磁系统技术监督管理小组由总工程师、励磁系统技术监督管理工程师、励磁专责人及有关专业技术人员组成，在总工程师领导下从事励磁系统的技术监督管理工作。

4. 综合部在总工程师领导下做好日常的技术监督管理工作，其职责如下：

（1）贯彻执行公司制定的有关励磁系统技术监督管理的方针政策、法规、标准、规程、制度、条例等，并制定电厂的实施细则和有关技术措施。

（2）对所管辖设备的励磁系统装置实行从工程设计、选型、安装、调试到运行维护的技术监督管理工作,建立健全设备的图纸资料及运行技术档案(包括设备定级记录本)。负责厂内励磁系统装置的技术监督管理工作。发现问题及时分析处理,如遇重大问题,应如实上报。

(3)制定电厂年度励磁系统技术监督管理工作计划,并报上级励磁系统技术监督组审查。将励磁系统技术监督管理工作的具体任务、指标落实到有关部门和班组,做好有关的协调工作,及时监督检查工作计划的执行情况。

(4)建立严格的检查考核制度,并与经济利益挂钩。

(5)按公司的有关规定配置励磁系统所需的调试设备。

(6)加强对于励磁系统工作人员和运行人员的培训,不断提高技术监督管理的专业水平。

(7)参加电厂新建、扩建、更新改造工程的设计审查、施工质量的检查及验收工作。

(8)对电厂励磁系统不正确动作事故组织调查分析。根据所管辖励磁系统的具体情况,制订反事故措施计划及每年的定期检验计划,并监督实施。

(9)负责组织编写所管辖励磁系统的现场运行规程,培训运行值班人员,使值班员做到能正确地投、退励磁装置。在励磁系统出现异常情况后,能准确地记录动作信号,并立即向有关部门汇报。

5. 励磁专责是励磁系统技术监督管理工作的具体执行机构,其职责如下:

(1)严格执行公司以及各级管理部门制定的有关励磁系统技术监督管理的方针政策、法规、标准、规程、制度、条例及电厂规章制度,认真完成各项励磁系统技术监督管理工作。

(2)按规定认真做好励磁系统装置的试验工作,及时处理在运行中出现的励磁设备缺陷,做到工作前准备充分,工作中仔细认真,工作后详细检查,现场工作记录交代清楚,结论明确。

(3)整理好励磁系统装置的试验记录,管理好有关的励磁图纸、定值通知单、修改通知单和有关资料,并按上级的要求实现计算机系统管理,建立健全励磁系统技术监督管理的各项规章制度和技术档案,并按规定向主管单位报送电厂励磁系统图纸、资料。

(4)掌握励磁系统各部件的主要技术性能,了解运行、调试工况。

(5)监督励磁系统的安全措施、反事故措施和上级有关规程、规定的执行情况。掌握电厂发电机励磁系统的运行情况、事故和缺陷情况,制定相应的反事故措施;对励磁系统出现的一般故障和异常应能分析、判断和处理,随时掌握励磁系统各设备的运行状况,负责做好装置的动作行为记录,做好事故统计、分析工作,提出对策和技术总结。对重大设备缺陷和事故应及时报告上级有关部门。

(6)积极配合主管部门做好励磁系统各部件的维护、检修、试验等工作,严格质量考核,把好验收关。

(7)监督试验设备的装备情况及完好情况,监督仪器仪表、备品备件的配置标准以及仪器仪表的定期检验工作等;对所使用的励磁系统试验设备要认真维护、妥善保管,按计量的有关规定定期校验。

(8)掌握备品、备件情况,督促有关部门做好备品、备件工作。

(9)负责按月、年度填报励磁系统技术监督管理报表,编写年度总结,并按时上报公司综合部。

(10)编写励磁系统的运行、调试、维护和检修规程,制定和落实反事故措施的技术改进计划及方案。

(11)将励磁系统技术监督管理工作及具体任务、指标落实到有关技术人员和岗位,建立严格的检查和考核制度及办法,并与经济利益挂钩。

(12)定期开展班内的安全学习活动,对励磁系统事故及时组织分析,提出具体的反事故措施,报综合部审定。

(13)定期参加电厂发电机励磁系统技术监督管理工作会议,参加有关发电机励磁系统的技术交流与培训、新技术开发与推广应用,提高电厂技术管理水平。

(14)负责励磁系统工作人员以及运行人员的技术培训,积极学习新技术,使其严格遵守有关规章制度,防止误操作,不断提高励磁系统工作人员的技术水平。

(15)参与电厂励磁系统的技改和更换、事故调查、分析工作。

6.9.3 励磁系统技术监督范围和任务

1. 励磁系统技术监督管理范围

凡为同步发电机提供励磁电流有关的电气设备和装置,以及相关的一切回路,均属励磁系统技术监督管理范围。包括主、副励磁机,静止或旋转整流器,串、并联变压器,自动、手动励磁调节器,备用励磁装置,灭磁装置,励磁专用电流、电压互感器,以及所属的一、二次回路。

2. 励磁系统技术监督管理工作的任务

(1)发电机励磁系统技术监督管理的内容包括规划设计、产品质量、安装调试、交接验收、运行管理、校验维护、系统改造及新技术开发等，对电力建设和生产的全过程实施技术监督。

（2）对新建、扩建及改造机组励磁系统的设计选型进行审核，协助设计部门做好励磁系统的调研选型工作。

（3）对励磁系统设备进行定期检验，有效维护，使其经常处于完好的可靠运行状态。

（4）根据励磁系统的运行情况和电网发展的要求，提出课题，开展科学研究，不断引进和开发新技术，逐步对励磁系统进行技术改进与改造，使其日趋完善。

（5）励磁系统技术管理的范围原则上按发电企业所在地电力调度管辖范围进行划分；励磁系统技术管理工作应同所在系统的调度部门搞好协商，纳入当地调度部门的归口管理。

6.9.4 技术监督工作管理要求

1. 主管技术监督工作的厂长应定期组织召开由总工程师、生技科长、励磁监督专责人参加的碰头会，研究励磁监督工作动态以及有关规程、制度、措施的贯彻与修订，解决技术监督工作中存在的关键问题，确保监督指标的全面完成。

2. 励磁系统各部件及相关设备的检修应随主设备大、小修同时进行，应有完整的大、小修计划，设备定检调试后各项指标应满足规程要求，并做好检修记录。

3. 励磁系统的设备应整洁、完好，标志正确、清晰，装置的接线端子应有明显的标志。

4. 励磁系统信号的灯光、音响、报警应正确，联锁及保护装置的动作应正确、灵活可靠。

5. 励磁系统工作人员对运行中的励磁设备进行试验或处理缺陷时，必须坚持"两票"制度，做好安全措施，防止误操作。

6. 新建、扩建或改建的励磁设备启动试运行后的验收工作，必须有设计、安装、生产、调试单位共同签署意见，在试研院参与下办理移交手续。

7. 励磁系统设备所需备品备件中的半导体元件，如三极管、二极管、稳压管、电容等，必须经过老化筛选后才能使用（半导体元件老化筛选工作统一由技术监督机构办理）。

6.9.5 工程设计、基建、交接验收监督管理要求

1. 系统发展规划、系统设计和确定电厂一次接线时,应考虑发电机励磁装置技术性能和条件,须听取励磁技术监督部门的意见,使系统规划、设计及接线能全面综合地考虑一次和二次的问题,以保证系统安全、经济、合理。

2. 新建、扩建、技改工作设计中,装置的设计选型、配置方案应符合有关标准、反措要求。设计部门应事先征求技术监督部门的意见。电厂机组发电机励磁系统的选型、设备改造、技术谈判、签订定货协议等必须有专业人员参加,所有技术条款必须符合有关标准和规定。

3. 应按照分工范围参加工程设计审查,确定励磁系统配置及设备选型。

4. 励磁系统配置、选型一经确定,设计单位必须严格按设计审查意见进行施工图设计和提供订货清单;设备订货单位必须按设计单位提供的订货清册和参数订货,不得擅自更改。

5. 对首次选用的重要发电机励磁装置,应有调度与运行部门励磁专业人员一同参加出厂试验和验收工作,了解其结构特点,掌握其技术性能。

6. 励磁系统技术管理部门要会同基建调试单位有关部门、监督基建调试单位人员严格按照国家电网与省电力有限公司颁布的有关发电机励磁系统规程、条例、技术规范、反措等规定,进行设备安装施工、调试,保证质量并形成完整的技术资料。

7. 监督新建、扩建、技改工程发电机励磁系统应有生产单位人员提前介入,参与调试,了解装置的性能、结构和参数,并对装置按规程、制度和标准进行验收。

8. 新建、扩建、技改工程的励磁设备投产前,基建调试单位与生产单位必须严格履行交接验收手续。未经验收的设备严禁投入运行。验收主要项目如下:

(1) 电气设备的有关参数完整正确;

(2) 全部装置接线正确,竣工图纸符合实际;

(3) 装置定值符合整定值通知单要求;

(4) 检验项目及试验数据结果符合检验条例和有关规程、标准的规定;

(5) 检查屏前、后的设备整齐、完好,回路(包括二次电缆)绝缘良好,标志齐全、正确;

(6) 发电机励磁装置存在的问题、处理意见及是否投入的结论,经基建调试单位、生产单位和负责该设备的监督部门三方验收签字后才能正式投入

运行;

(7) 发电机励磁系统的自动电压调节器中各限制器特性,如过激磁、过励、过电压及低励限制等必须与机组的继电保护相关特性良好配合,严禁保护装置动作时,励磁系统相关限制器还未发生作用的情况发生。

9. 新建工程投入时,原则上所有发电机励磁装置须同时投入,不得使用临时设备或只投入手动功能。

10. 基建调试单位须按时向生产单位移交工程竣工草图、设备有关技术资料及说明书、备品备件、专用试验设备及工具,试验报告最迟在验收后一个月内移交。

6.9.6 入网监督管理要求

1. 新产品入网试运行应按调度部门管辖范围严格履行审批手续,并向集团公司备案,防止技术或质量不合格的产品未经考核投入运行。

2. 投入电网的发电机励磁设备必须是通过国家有关主管部门的正式鉴定的产品(进口设备必须通过国家指定单位的动模试验)。发电机励磁系统设备特别是 30 万千瓦及以上机组的配套设备必须按部颁标准进行出厂试验,严禁不符合规定的设备入网运行。

6.9.7 运行监督管理要求

1. 发电厂应建立、健全发电机励磁系统的管理规章制度。建立、健全发电机励磁系统的设备档案(含图纸、资料、动作统计、运行维护、验收、检验事故、调试、发生缺陷及消除情况等)并采用微机管理。

2. 对发电机励磁装置普遍性的多发事故或重大事故,应由监督部门组织进行质量调查(吸收生产单位和制造厂家代表参加),对有关技术问题,提出措施及处理意见。

3. 建立发电机励磁装置检验管理制度,监督励磁装置规程的实施并不断进行改进和完善。

4. 建立和完善发电机励磁系统的定值管理制度,内容包括励磁系统内各限制器和各种保护的定值管理以及与相关继电保护装置动作特性配合说明。

5. 组织专业人员对调度、运行人员进行有关发电机励磁系统运行维护的培训并督促实施。

6. 对励磁系统的自动/手动电压调节器的投入率进行监督,对设备存在的各种缺陷,应采取措施及时消除。

7. 依据电网及电厂实际运行情况,经评议应淘汰存在明显缺陷、不能满足电网安全运行要求的发电机励磁系统,以提高设备的运行水平和完好率。

6.9.8　试验设备、仪器仪表和备件的配置与管理要求

1. 发电厂应按照实际需要配备合格的试验设备、仪器仪表和备品备件。

2. 发电机励磁系统用仪器、设备及仪表应认真登记在案并定期交由电测仪表部门进行检测,以保证其精确度。

3. 经检验证实不符合标准的仪器、设备及仪表,应立即停止使用,并进行调整和修复,确实不能修复的仪器、设备及仪表,应上报电厂主管部门报废、更新。绝不允许在励磁系统调整试验中使用未经检测或不符合标准的仪器、设备及仪表。

4. 使用仪器、设备及仪表必须参照说明书,严禁超规范使用。

5. 试验设备、仪器及仪表配置最低标准见本章附录 B。

6.9.9　监督报表及计划管理要求

1. 电厂应于 12 月底上报当年励磁系统年检完成的情况及下年度年检计划,7 月 10 日前上报上半年励磁系统年检完成情况。

2. 电厂应于 6 月底上报下年度励磁系统技术更改计划。

3. 根据技术监控实行月、季报告制度,电厂应按规定的格式于每月 3 日前将励磁系统月报表上报受委托技术监控管理服务单位。

4. 励磁系统发生事故后按规定上报录波报告。

5. 按规定上报励磁系统监督定值通知单执行情况。

6. 励磁系统监督报表格式见本章附录 C。

7. 按照协定向当地调度部门上报励磁系统监督报表,报表的格式和上报日期可按照当地调度部门的要求执行。

6.9.10　技术管理资料及档案管理要求

1. 电厂励磁系统监督机构应具备下列主要法规和规程:
(1)《中华人民共和国电力法》;
(2)《电力工业技术监督工作规定》;
(3)《电业安全工作规程》(GB 26164.1—2010);
(4)《同步电机励磁系统　大、中型同步发电机励磁系统技术要求》(GB/T 7409.3—2007);

(5)《大中型水轮发电机静止整流励磁系统技术条件》(DL/T 583—2018);

(6)《大中型水轮发电机静止整流励磁系统试验规程》(DL/T 489—2018);

(7)《发电机励磁系统及装置安装、验收规程》(DL/T 490—2011);

(8)《大中型水轮发电机自并励励磁系统及装置运行检修规程》(DL/T 491—2018)。

2. 右江电厂应建立下列技术资料：

(1)电厂的所有发电机、励磁系统设备台账。包括主变、发电机,主、备励系统,AVR,功率整流装置,转子过电压保护,灭磁开关,励磁用的 CT、PT,整流变压器,灭磁开关柜的铭牌、型号、制造厂、出厂日期、投产日期以及其他有关数据。

(2)电厂发电机组的励磁参数。包括发电机的 X_d、X_q、X_d'、X_q'、X_d''、X_q''、X_s、X_z、X_o、转子电阻、T_{do}、T_{do}'、T_{do}''、发电机空载特性、励磁机空载与负载特性、励磁绕组电阻、励磁机负载时间常数以及与励磁有关的其他参数。

(3)AVR 的逻辑电路图、传递函数(数学模型)、原理接线图、二次回路图、安装图、各元件参数表、厂家说明书、出厂试验报告、投产试验报告、历次的检修调试报告。

(4)AVR 运行异常、缺陷处理和事故记录及其分析处理资料。

(5)上报报表及有关会议资料。

(6)励磁系统改进与改造的技术总结资料。

(7)励磁系统故障和事故统计及其分析资料。

(8)励磁系统专业人员配备及技术水平情况。

(9)励磁系统设备的调试和检修规程,运行和维护规程。

(10)励磁系统用的半导体器件及其他元件的备品备件台账及其管理制度。

(11)发电机励磁系统技术管理执行机构应具备的技术资料见附录 D。

3. 电厂对发电机组的励磁系统的动作行为、缺陷处理、事故情况和技术改进成果,每年上报集团公司技术主管部门及技术监督机构。其中主要内容包括:

(1)不安全情况和励磁系统动作行为统计

①由于元器件故障或特性变坏,一、二次回路故障,定值设置不当,操作不当等引起的励磁系统扰动或发电机失磁停机。

②因转子滑环温度升高、整流子、滑环冒火等引起的发电机减负荷或事故停机。

③由于电气、机械故障、AVR故障须投入备励系统。

④灭磁开关、转子过电压保护的工作情况。

⑤电网事故或振荡时强励单元的工作情况、AVR的动作行为（最大输出电压、电流、无功及电压摆动情况）以及本厂发电机之间无功分配情况等。

⑥由于励磁系统的原因造成的事故和故障。

⑦其他有关励磁系统不安全的情况。

（2）评价指标

①主励磁系统年投入率：

$$主励磁系统年投入率 = \frac{主励磁系统运行小时数}{机组运行小时数} \times 100\%$$

②AVR年投入率：

$$AVR年投入率 = \frac{AVR投运小时数}{机组运行小时数} \times 100\%$$

③强行切除率：

$$强行切除率 = \frac{造成发电机停机小时数}{机组运行小时数} \times 100\%$$

6.10 电压质量技术监督管理

6.10.1 技术指标

电压质量是指机组供到出线端的交流电压质量，包括电压质量波形和电压质量幅值两个方面指标。

1. 电压质量波形指标

（1）供电频率允许偏差。

（2）电网谐波允许指标。

2. 电压质量幅值指标

（1）供电电压允许偏差。

（2）供电电压允许波动和闪变。

（3）供电三相电压允许不平衡度。

3. 电压质量波形指标见表 6.7。

表 6.7 电压质量波形指标

电压等级 kV	谐波次数及谐波电流允许值(A)											
	2	3	4	5	6	7	8	9	10	11	12	13
10	26	20	13	20	8.5	15	6.4	6.8	5.1	9.3	4.3	7.9
110	12	9.6	6.0	9.6	4.0	6.8	3.0	3.2	2.4	4.3	2.0	3.7
220	12	9.6	6.0	9.6	4.0	6.8	3.0	3.2	2.4	4.3	2.0	3.7

电压等级 kV	谐波次数及谐波电流允许值(A)											
	14	15	16	17	18	19	20	21	22	23	24	25
10	3.7	4.1	3.2	6.0	2.8	5.4	2.6	2.9	2.3	4.5	2.1	4.1
110	1.7	1.9	1.5	2.8	1.3	2.5	1.2	1.4	1.1	2.1	1.0	1.9
220	1.7	1.9	1.5	2.8	1.3	2.5	1.2	1.4	1.1	2.1	1.0	1.9

4. 电压质量幅值指标见表 6.8。

表 6.8 电压质量幅值指标

电压等级 kV	电压偏差 (％)	频率偏差 (Hz)	电压变动 (％)	电压闪变 Pst	电压总谐波畸变率 THD(％)	三相不平衡度 (％)
10	±7	±0.2	4	0.9	4	2
110	±10	±0.2	3	0.8	2	2
220	±10	±0.2	3	0.8	2	2

6.10.2 一般要求

1. 电压质量技术监督工作贯彻"安全第一、预防为主"的方针,实行技术负责制,对规划、设计、基建、运行等环节实行全过程监督管理。其原则是:依法监督、分级管理、专业归口。

2. 电网是一个统一的整体,所有并网的与电压质量有关的发电设备都应接受当地电网公司的电压质量技术监督归口管理。并网运行的发电企业与主管电力公司签订并网协议时,应包括电压质量技术监督方面的内容。

3. 电压质量技术监督以质量为中心,以标准为依据,以计量为手段,建立质量、标准、计量三位一体的技术监督体系。

4. 电压质量技术监督要依靠科技进步,采用和推广成熟、行之有效的新技术、新方法,不断提高电压质量技术监督的专业水平。

6.10.3　监督管理机构及职责

建立以厂总工程师为领导的电压质量技术监督三级网络，在检修部设立电压质量技术监督专责岗位，主管本厂的电压质量分析技术监督工作，发电部负责对电压质量指标进行监视。

1. 总工程师职责

（1）组织贯彻、执行国家有关电压质量法规、标准。

（2）组织制定本厂电压质量监督管理制度，并组织实施。

（3）组织制定并实施改善电压质量的计划和新技术措施。

（4）负责影响电压质量的干扰源的防治工作，并组织电压质量事故的调查。

2. 电压质量技术监督专责人员职责

（1）协助总工程师贯彻、执行国家有关电压质量法规、标准。

（2）负责本厂电压质量指标计量标准的建立和认证工作。

（3）定期组织召开电厂电压质量技术监督工作会议，总结电厂在电压质量技术监督工作中存在的问题，并制订工作计划，提高电厂的电压质量技术监督专业水平。

（4）负责监测点的选定及上报检测中心工作，制定电压质量指标监测工作计划。

（5）负责电压质量指标报表及总结上报工作。

（6）负责组织电压质量指标监测人员的持证上岗考核及技术培训工作。

3. 电压质量监测专责人员职责

（1）贯彻、执行国家有关电压质量法规、标准。

（2）负责电压质量指标的测试工作，熟练操作测试仪器，搞好电压质量指标测试工作，发现问题及时上报并分析处理。

（3）每年对各监测点进行测量不少于 4 次。

（4）负责对电压质量标准测试仪的管理维护，保持电压质量标准测试仪良好的备用状态，并有有效期内的检定合格证书。

（5）建立健全有关电压质量分析的各种技术台账，做到记录齐全，数据处理正确，测试报告填写规范，测试报告一式三份，两份综合部保存，一份交检修部存档。

4. 发电部职责

（1）贯彻、执行国家有关电压质量法规、标准。

（2）严格按调度下达的电压曲线对220 kV、110 kV母线及线路电压进行监测、考核和调整。

（3）做好每日电压测量记录存档工作。

（4）对涉及电压质量的设备按规定进行运行监视，控制发电厂高压母线电压在合格范围之内。

6.10.4　电压质量技术监督范围及主要内容

1. 对220 kV母线Ⅰ、Ⅱ段母线电压按总调下达的电压曲线进行监测、考核和调整。

2. 10 kV及以下母线三相供电电压允许偏差为额定电压的±7%。

3. 220 V单相供电电压允许偏差为额定电压的−10%~7%。

4. 电厂电能质量指标监测点设置在发电机出口、220 kV母线、线路的电能测量回路上，谐波测量每年不少于4次。

5. 各电压等级的电压质量指标见表1和表2所示。

6. 电压质量技术监督范围的划分：原则上与电力设备的管辖范围的划分相一致。监督的设备为：发电机、变压器、电压测量记录仪表等。对设备的维护和修理进行质量监督，并建立健全设备技术档案，发现问题及时分析处理，如遇重大问题，应如实上报。

6.10.5　技术监督工作管理要求

1. 发电企业是电压质量技术监督的执行机构，以总工程师负责的电压质量技术监督工作网，负责电压质量技术监督的日常工作。贯彻执行上级电压质量技术监督机构的指示、规定，制定实施细则和有关措施；对涉及电压质量的设备按规定进行检测。

2. 将电压质量技术监督工作及具体任务、指标落实到有关部门和岗位，并做好协调工作；建立严格的检查及考核制度，建立有关技术监督档案。

3. 电压质量技术监督工作实行监督报告、鉴定验收和责任处理制度。

（1）电压质量技术监督项目及指标情况按规定格式及规定时间上报受委托的技术监控管理服务单位。

（2）按照规定时间将电压质量技术监督工作总结上报技术监控服务单位和电厂综合部办公室。

（3）建立健全设备质量全过程监督和验收签字制度。对质量不符合规定要求的设备材料以及安装、检修、改造等工程，电压质量技术监督部门和人员有权拒绝签字,并可越级上报。

(4) 凡由于技术监督不当或自行减少监督项目,降低监督指标标准而造成严重后果的,根据严重程度分别给予责任单位一级告警或二级告警。

4. 建立健全电压质量技术监督的基础资料和档案管理,以及电压质量事故及分析处理档案管理,对于重大电压事故或异常情况应立即报告上级监督管理部门。

5. 检测仪器设备的检定应送上级计量检定部门进行检定,检定周期为2年,检修维护部具体执行。

6.10.6　电压质量技术监督规划、设计、基建与运行的监督管理要求

1. 规划、设计和基建的监督管理要求

(1) 电力系统的规划、设计部门必须按照国家关于电压、无功电力等有关条例、导则的要求和网局有关规定,合理确定无功补偿设备和调压装置的容量、选型及配置地点,同步落实相应的无功电力补偿设施。电压测量记录仪表一般应选用统计型电压监测表。凡未取得国家、部或网局鉴定合格的无功补偿设备和调压装置及电压测量记录仪表,不得列入工程选型范围。

(2) 在规划设计中,对于发电机、母线、变压器各侧均宜配备齐全准确的无功电压表计,以便于无功电压的监测和管理。

(3) 对于新接入电网的发电机组,应具备进相力率 0.97 的运行能力,并配备相应的无功计量仪表。对已运行的发电机组,应满足当地调度部门对发电机进相深度的要求。

(4) 各级变压器的额定变压比、调压方式、调压范围及每档调压值,应满足发电厂的电压质量的要求,并考虑电力系统 10~15 年发展的需要及电力系统发展的阶段性要求。

(5) 施工单位应严格遵照《电力建设施工技术规范》(DL 5190.1—2012)及有关规程的规定和设计要求,进行安装、调试和检查验收,确保工程质量;并将设计单位、制造厂家和供货部门为工程提供的技术资料、图纸和试验记录等有关资料列出清册,全部移交生产单位。

2. 生产运行的监督管理要求

(1) 电压质量、无功电力管理工作实行分区、分级管理负责制。发电部应严格按照调度部门下达的电压曲线和调压要求开展调压工作,要积极落实调度部门根据系统实际情况提出调压的具体要求和措施。

(2) 保持发电机组的自动调整励磁装置具有强励限制、低励限制等环节,

并投入运行。失磁保护应投入运行。强励顶值倍数应符合国家规定,其运行规程中应包括进相运行的实施细则和反措措施,并按照调度部门下达的电压曲线和调压要求编制实施计划,确保按照逆调压的原则控制发电厂高压母线电压在合格范围之内。

6.10.7　电压质量监测与统计管理要求

1. 检修维护部要对电压质量监测、计量装置加强维护,定期进行校验并将结果上报综合部,综合部加以分析后上报电压质量技术监控管理服务单位。

2. 电压质量指标统计

（1）电压质量监测结果要按照日、月、年进行统计,按规定的格式及规定时间上报受委托技术监控管理服务单位。

（2）电压质量幅值监测结果按日、月、季统计,电压偏差由发电部每日24时整点记录。

（3）检修维护部电压质量监测专责人员按月、季报表的格式进行汇总统计,按规定时间将结果上报综合部,报表格式见附录E。

（4）电压波动、闪变及电压三相不平衡度根据实际情况每半年统计一次,电压质量波形监测结果按实际情况每半年统计一次,按规定时间汇总统计,上报综合部,报表格式见附录F。

6.10.8　技术培训管理要求

1. 依据行业的技术发展水平,强化电压质量监测人员的技术培训,由综合部组织实施各种培训方式,使得基层监测人员的技术水平不断得到提高,以满足检测工作的需要。

2. 组织基层监测人员积极参加行业内的各种技术交流活动,了解行业技术发展动态,了解国家的最新政策法规,使得各种新技术能更好地应用。

6.11　环保技术监督管理

环保技术监督管理工作要依靠技术进步,采用和推广成熟、行之有效的新技术、新方法,不断提高技术监督的专业水平。环境保护技术监督以作业环境和污染物为对象,以环境保护标准为依据,以环境监测为手段,监督环保设施的正常投运和污染物的达标排放。

6.11.1　监督机构与职责

1. 监督机构

（1）建立以总工程师为领导的厂级技术监督三级网络，在检修部设环保技术监督专责岗位；在班组设立环保监督和检修环保监督专责工程师，分工合作，负责开展本厂的环保技术监督。主管本厂的环保技术监督工作的环保专责人员负责电厂的环保方面有关技术台账的管理工作。

（2）右江水力发电厂是环保设施的直接管理者，也是实施环保技术监督的执行者，对环保技术监督工作负直接责任。厂部成立以总工程师为组长的技术监督领导小组，其成员由发电部门、检修部门、综合部门负责人组成，并设立环保专业的监督专责工程师，负责统筹管理本企业的环保技术监督工作。

2. 各级人员岗位职责

（1）总工程师职责

①领导电厂的环保技术监督全面工作，对厂长任期目标责任制中环保指标的完成负责。

②组织建立与健全环保技术监督网，建立企业、生产管理部门、车间、班组各级的环保技术监督责任制。

③贯彻执行国家、电力行业和右江水利开发有限责任公司有关环保技术监督的政策、法规、标准、制度、规定、技术措施和要求，审批本厂有关环保技术监督工作的实施细则和措施。

④定期组织召开电厂的环保技术监督工作会，落实环保技术监督的工作计划，协调、解决环保技术监督工作中存在的问题，督促、检查环保技术监督各项工作的落实情况。

⑤组织有关部门认真做好环境监测和污染治理工作，防止污染事故的发生。发生事故时及时查明原因，并制定对策，杜绝类似事故的发生。采取措施，督促、保持和提高各项环保指标的合格率。

⑥组织电厂在建工程的设计审查、设备选型、监造、安装、调试、试生产阶段的环保技术监督工作。参加新建、扩建、改建项目环境影响评价和环保设施验收，组织环保技术监督检查，针对存在问题提出改进建议，并督促落实。

（2）环保技术监督专责人员职责

①环保技术监督专责人员在总工程师领导下，具体贯彻执行国家、行业、公司有关环保技术监督政策、法规、标准、制度、规定、技术措施和要求，并制定、完善电厂环保技术监督实施细则。

②环保技术监督专责人员作为领导层和生产部门班组之间技术监督管理的桥梁,应做好环保技术监督的各项工作,并如期上报各类环境统计报表及环境污染事故调查报告。对于达不到监督指标的工作,要提出具体改进措施。对环保设施的维护和检修进行质量监督,并建立健全设备技术档案;出现重大设备故障和污染事故时,及时报告右江水利开发有限责任公司和受委托的技术监控管理服务单位。

③制定电厂环保技术监督工作计划,按时完成环保技术监督报表和监督工作总结,按要求及时上报。

④积极参加右江水利开发有限责任公司和技术监控管理服务单位组织的技术培训,提高环保技术监督水平。

(3) 班组环保技术监督专责人员职责

①认真贯彻国家、行业、地方的法规、制度、规定和要求。

②根据环保技术监督要求,做好各项工作,接受监督。发生环保异常情况时,应及时通知环保技术监督专责人员及环境监测站,共同研究处理。

③每年按时将上年度环境统计年报表和总结上报。

④积极参加右江水利开发有限责任公司和技术监控管理服务单位组织的技术培训,提高环保技术监督水平。

6.11.2 环保技术监督范围和任务

1. 环保技术监督是环保工作技术管理中一项全方位、全过程的技术管理工作,覆盖环境影响评价、设计审查、环保设备选型、安装、调试、设施验收、生产运行、检修的全部生产过程,包括:

(1) 原材料。

(2) 各种废油的处理及废水排放情况。

(3) 各种噪声治理装置或措施。

(4) 各种检修、施工废料、废渣的处理。

2. 对厂区水库水质的技术监督

(1) 上、下游水库水质的监测。

(2) 施工及生活污水处理在新、扩、改建的工程中应做到环保"三同时",并保证处理效率达到设计和排放要求。

3. 噪声监督

(1) 按照国标《工业企业厂界环境噪声排放标准》(GB 12348—2008)的规定进行厂界噪声监测工作,并进行测点设置和测量结果的数据处理。

(2)厂界噪声的测量周期为半年一次。

(3)噪声监测点设置：

①中央控制室。

②发电机层。

③母线层。

④水轮机层。

⑤操作廊道。

⑥厂房内各办公室。

⑦其他人员聚集的工作场所。

4. 空气质量监督

(1)结合有关规定进行厂区的空气质量监测工作，并进行测点设置和测量结果的数据处理。

(2)空气质量的测量周期为半年一次。

(3)空气质量监测点设置：

①中央控制室。

②发电机层。

③母线层。

④水轮机层。

⑤操作廊道。

⑥厂房内各办公室。

⑦其他人员聚集的工作场所。

5. 工频磁场、工频电场监测

(1)结合有关规定进行厂区的工频磁场、工频电场监测工作，并进行测点设置和测量结果的数据处理。

(2)厂区的工频磁场、工频电场的测量周期为半年一次。

(3)厂区的工频磁场、工频电场监测点设置：

①中央控制室。

②发电机层。

③母线层。

④计算机房。

⑤继电保护室。

⑥214平台出线场。

⑦其他人员聚集的工作场所。

6. 其他监督

（1）在电力建设的前期工作中，要根据《环境影响评价技术导则生态影响》（HJ 19—2022）等有关规定，做好前期环境影响评价工作及环保设施的设计。

（2）环保设施必须与电力设备同时投入运行，按照《建设项目竣工环境保护验收暂行办法》（国环规环评〔2017〕4号）的规定进行验收，未达标项目要制定措施限期解决。

6.11.3 监督管理要求

1. 一般要求

（1）环保监督专责人员应自觉提高对环保技术监督工作重要性的认识，要运用技术监督这一有效手段，降低生产过程中的潜在危险，要贯彻"预防为主"的方针，坚持"持续改进"的原则，通过技术监督管理工作的细化，避免污染事故的发生。

（2）环保技术监督工作要健全机构，落实责任，完善技术监督体系，按责任制要求，工作到位，责任到人。环保技术监督人员应由具有较高的专业技术水平和现场实际经验的技术人员担任，应保证技术监督工作人员的相对稳定。

（3）环保技术监督工作要健全监督检查制度，以保证技术监督工作正常开展，对环保技术监督情况定期进行检查。

（4）要做到监督组织机构、仪器、人员、规章制度、资料台账、管理规范化，满足环保监督工作要求。

2. 落实右江水利开发有限责任公司实行技术监督工作报告管理要求

（1）要按时将下列报告及报表报送到受委托的技术监控管理服务单位。

①如果发生污染事故，要随时电话报告并尽快以书面形式向右江水利开发有限责任公司安全生产委员会、受委托的技术监控管理服务单位报告。

②每年按规定时间要求将上年度环境统计年报表和电子版上报。

③每年按规定时间将上年度的环保技术监督工作总结上报。

（2）督促技术监控管理服务单位要按时将有关报告及报表报送到电厂综合部办公室。

（3）及时上报污染事故的调查报告。

3. 健全下列环保监督技术资料管理的要求

（1）建设单位同时移交设备制造、设计、安装、调试过程的全部档案和资料,环境影响评价大纲和报告书,环保设施竣工验收各类资料等。

(2) 国家、行业、地方、公司关于环保的法令、法规、标准和要求。

(3) 环保技术监督的技术档案和各种原始记录以及规章制度。

(4) 各类环保设施的技术规程,考核与管理制度,环保监督的实施细则及专业技术培训制度。

(5) 各类环保监督数据资料和报表及水平衡系统图。

6.11.4 考核与培训管理要求

1. 为了加强环境监测的质量管理,确保监测数据的准确、可靠,对环境监测人员实行合格证制度。环境监测人员经考核认证,持证上岗,无合格证者不得单独报出监测数据。各技术监控管理服务单位应负责组织企业环境监测人员考核发证,该工作每两年进行一次。

2. 不定期地对环保专责人员进行培训和考核。

6.12 节能技术监督管理

6.12.1 一般要求

1. 节能技术监督工作应以质量监督为中心,对电力企业耗能设备及系统在设计制造、安装调试、运行检修、技术改造等实行全过程的技术监督。

2. 节能技术监督是一项综合性的技术管理工作,各级领导要把它作为经常性的重要基础工作来抓;要组织协调基建、生产及试验研究单位和各部门、各专业之间的工作,分工负责,密切配合,共同搞好节能技术监督工作。

3. 节能技术监督的主要目的和任务是:认真贯彻《中华人民共和国节约能源法》及国家、行业有关节能技术监督和节约能源的规程、规定、条例,建立健全以质量为中心、以标准为依据、以计量为手段的节能技术监督体系,实行技术责任制,对影响发电设备经济运行的重要参数、性能和指标进行监督、检查、调整及评价;使电、水的消耗率达到最佳水平,保证右江电厂节能工作持续、高效、健康地发展。

4. 节能技术监督要依靠科技进步,推广采用先进的节能技术、工艺、设备和材料,降低发电设备和系统的能源消耗。

6.12.2 监督机构及职责

建立健全以总工程师为领导的节能技术监督网,在检修部设立节能技术

监督专责岗位,在班组设立运行节能监督和检修节能监督专责工程师,分工合作,负责开展本厂的节能技术监督,其职责如下:

1. 贯彻执行国家、行业、公司颁布的有关节能技术监督的方针、政策、规章制度等。

2. 制订或完善本厂节能技术监督的实施细则、岗位职责、各项管理制度及技术措施等。

3. 制订本厂的节能规划、节能计划、节能考核办法、各项能耗指标定额,并组织实施。

4. 按期完成本厂能耗指标报表,做好本企业季度、年度节能工作总结。

5. 参加右江水利开发有限责任公司和技术监控管理服务单位组织的节能技术监督网活动,同时积极组织本企业节能监督网活动。

6. 每季度组织召开本企业的节能降耗分析例会,提出本企业节能技术指标完成情况的分析报告、节能工作存在的问题,组织制定改进措施,并按计划实施。

7. 对影响本企业经济运行的重大耗能设备、运行方式,及时提出改进措施并组织解决。

8. 参加本企业新建、扩建、技术改造工程的设计审查,并对安装调试、运行检修进行全过程节能技术监督。

9. 配合有关专业做好节能计量装置和仪器仪表的检定工作。

10. 参加和组织开展节能降耗的科技攻关、新技术推广和人员培训工作。

6.12.3 监督范围与内容

1. 节能技术监督工作应以质量监督为中心,对电力企业耗能设备及系统在设计制造、安装调试、检修、运行、技术改造等方面实行全过程的技术监督。

2. 生产运行及检修节能监督

(1)以经济合理的运行方式和按机组的出力特性的最佳组合进行经济调度。

(2)每月组织分析水能利用情况,做好水库日常调度与防洪管理,采取切实可行措施,提高水能利用率。

(3)每年组织分析流域水情的测报方案、水库调度方案和防洪调度措施,根据流域特性变化,提出分析报告。

(4)每年组织统计分析耗水率、负荷率、控制运用水位、水情预报合格率、发电量和水情自动测报系统运行状况,提出分析报告,对以上指标进行检查考核。

(5) 主要系统及设备在试生产、大修或重大技术改造前后,必须参照国标或有关标准进行相应试验和验收,掌握设备及机组性能。

(6) 对影响机组、设备和水库运行经济性能的问题要制定消缺方案,结合大小修进行消缺。

3. 节能监督的日常技术管理

(1) 建立健全本厂的节能技术监督实施细则、节能技术监督岗位责任制度、节能监督网、节能经济指标考核制度、定期试验项目管理制度、节水管理等制度。

(2) 节能技术监督工作实行监督请示报告制和岗位责任制。按规定及时向电厂综合部办公室和技术监控管理服务单位上报节能技术监督工作总结报告、监督指标和季、年度报表;重要问题要专题报告;必要时上级监督部门应派节能技术监督人员到现场测试分析,研究商定技术措施和解决办法。

(3) 节能技术监督实行考核奖励制度,制定本厂节能技术监督工作考核检查办法,并定期组织检查、抽查和互查,认真进行各项节能技术监督指标的考核评比,对在节能工作中作出突出贡献的部门和个人以及优秀节能技术项目给予表彰和奖励;对监督不力、指标超标、设备异常严重影响电网安全经济运行的要追究当事者及有关领导责任。

(4) 建立健全电力生产建设全过程的节能技术监督档案和资料管理,保证检测、试验、更新改造报告及有关原始资料、记录的准确、完整和实效。

(5) 节能监督指标由发电企业定期检测和计算,并按时上报技术监控管理服务单位。由各技术监控管理服务单位汇总分析后上报公司技术监督中心,分发各发电企业。

(6) 总结节能技术监督项目及指标完成情况。每年按规定时间将节能监督年度总结报电厂综合部办公室和技术监控管理服务单位。

4. 节能技术监督要依靠科技进步,推广采用先进的节能技术、工艺、设备和材料,降低发电设备和系统的能源消耗,保证右江电厂节能工作持续、高效、健康的发展。

6.13　计量技术管理

6.13.1　基本原则

计量工作按照《中华人民共和国计量法》开展工作,按照依法计量、分级管理、行业归口的原则,建立和完善右江电厂计量管理体系。

贸易结算用电能表强制检定的行政监督管理职能由国家质量技术监督部门承担。广西电力试验研究院对右江电厂提供技术监控管理服务且负责电能表技术检定的监督、管理工作。

6.13.2 组织机构及职责

建立健全电厂以总工程师为组长的三级计量管理体系,确定综合部主管电厂计量管理工作,配备专职(或兼职)人员在总工程师的领导下开展计量管理工作。厂属其他各部门配备兼职人员作为本部门的计量管理人员,协助综合部开展全厂的计量管理工作。各级人员职责如下:

1. 总工程师职责

(1) 贯彻执行国家及行业有关计量技术监督的方针、政策、法规、标准、规程、制度等。

(2) 组织电厂认真做好主要设备在基建、安装、调试、运行及停、备用过程中的计量监督工作。

(3) 组织制定电厂计量技术监督的标准、规程、制度实施细则及技术措施等。

(4) 组织调查研究与计量有关的重大设备事故和缺陷,查明原因,采取措施,并上报综合部。

2. 计量监督专责工程师职责

(1) 认真贯彻国家有关计量工作的法令、法规、政策和电厂的计量管理规定。

(2) 根据电厂生产和经营管理的需要,制定具体的计量管理办法,编制电厂的计量器具明细目录及相应的检定周期,保证使用中的计量器具的定期检定和最高标准的按时送检。

(3) 根据有关规定,负责审定电厂生产中使用的计量器具的增设和拆除。参与技改、基建中计量设计方案的审查,完善计量标准器具的使用条件,督促解决在计量器具运行中影响正确计量的有关问题。

(4) 推广使用计量方面的新技术,收集、汇总、分析和处理在用计量装置的技术状况,使其不断提高,以保证计量准确可靠。

(5) 组织电厂计量人员参加当地计量办及地方质量技术监督局组织的培训、考核。

(6) 组织电厂经济活动分析及与计量有关的违章、事故分析工作。协助总工程师做好电厂的计量监督工作。

3. 计量工作人员的职责

(1) 认真执行国家和上级颁布的各项计量法令、法规制度和有关专业的检定(检验)规程。

(2) 认真做好定期检验,保证检验和检修质量,做到不漏检、不误检。

(3) 建立计量技术档案,包括标准器具的技术说明书、检定规程、检定证书或合格证、使用方法或操作规程、检修检验记录等。

(4) 建立在用计量器具管理卡片,及时到上级计量办进行申请办理封存、送检、报废等手续,做到账、卡、物相符。

(5) 参加计量办或质量技术监督局组织的培训考核,不断提高计量测试水平。

(6) 对电厂计量标准要按时搞好自查自检,及时递交建标和复查申请。

(7) 保证电厂的标准室和计量试验室环境,满足计量标准器具及工作计量器具检定规程的要求,同时试验室应布局合理、整洁卫生,以保证计量工作的质量。

(8) 制定并执行实验室有关的规章制度,制度中应包括实验室岗位责任制,计量标准使用维护制,周期检定、检定记录制,证书核验、事故报告制,计量标准技术档案管理制度等内容。

6.13.3 计量器具的检定和量值传递

1. 电厂的计量检定部门的计量、热工计量最高标准,必须按原水利电力部颁布的《电测计量监督条例》和《火力发电厂热工仪表及控制装置监督条例》的标准配置,并经上级计量办公室及检定机构考核合格后方可使用。

2. 计量、热工计量标准应按本《规定》的量值传递关系,按检定周期送上一级检定机构检定和复查,在有效期满前 6 个月向上级计量办提出申请。

3. 非计量、热工的最高计量标准器具,按规定向当地政府计量部门申请检定。

4. 计量标准器具的使用,根据《中华人民共和国计量法》的要求,必须具备下列条件:

(1) 经计量检定合格,并具有有效合格证。

(2) 具有符合规定所需的环境条件。

(3) 至少有两名工作人员具有符合等级的有效期内的检定员证。

(4) 具有完善的管理制度。

(5) 计量器具必须按周期进行检定,未经检定或未按周期检定,或经检定不合格的计量器具,应禁止使用。但经检定,符合下一级标准精度者,允许降级使用。

(6) 计量器具的检定必须按国家或电力行业的检定规程进行。当检定规程进行修订、修改重新颁布时,必须按最新颁布的规程进行检定。严禁不按规程或按作废规程进行检定。

6.13.4 人员和监督管理

1. 电厂计量人员应认真贯彻执行国家计量法令、法规和右江电厂颁布的有关制度,掌握计量技术规程和计量测试技术,不断提高管理、检定和测试水平。

2. 为保证计量工作的有效进行,熟悉计量业务的检定、管理人员应保持稳定,无特殊理由不应随意调动工作。

3. 计量人员的配备,应能满足开展计量检定、管理工作的需要。计量检定人员至少应具有高中以上文化程度,并经当地计量办计量技术考核合格,取得计量检定员证。无证开展计量检定工作的要追究相关领导责任。

4. 计量、热工计量监督工作按右江电厂技术监督有关制度执行。电厂计量检定部门应认真做好对计量、热工仪表及装置运行性能的检定和维护工作,并按计量和热工监督制度要求按期向当地技术监督管理服务单位报送统计报表。

5. 电能表的强制检定,应接受当地人民政府质量技术监督部门的监督检查,电能表检定人员应接受当地省(市、自治区)人民政府质量技术监督部门考核。

6. 接受并积极配合广西电力试验研究院和当地计量管理机构对发电生产中使用的主要计量、热工仪表及常用的标准仪表、装置所进行定期现场抽测和综合误差测定,以确保计量准确可靠。

7. 对达不到计量标准考核要求的各级计量检定机构,应由被管辖的上级计量管理机构指令限期整改。到期仍达不到考核要求的,应停止其检定资格。

8. 各级计量检定机构配备的计量、热工计量最高一级的标准器具,不应超过计量和热工监督制度的规定。未经检定该标准器具的计量检定机构同意和相应计量管理机构批准而配备的超标准计量器具和设备,将降级使用。

9. 任何人员在工作场所不应使用不合格、未按周期检定和未经检定的计量器具,不应违反计量检定规程进行检定。

附录 A 热工技术监督附表

A.1:年自动装置投入情况统计表

序号	装置名称	自然天数	检修天数	应投入天数	退出天数	实际投入天数	投入率
1	远动装置♯1通信处理站						
2	远动装置♯2通信处理站						
3	♯1机同期装置						
4	♯2机同期装置						
5	♯3机同期装置						
6	♯4机同期装置						
7	升压站同期装置						
8	计算机监控上位机♯1主机						
9	计算机监控上位机♯2主机						
10	上位机♯1操作员站						
11	上位机♯2操作员站						
12	♯1机组 LCU A1 柜 PLC						
13	♯1机组 LCU A2 柜 PLC						
14	♯2机组 LCU A1 柜 PLC						
15	♯2机组 LCU A2 柜 PLC						
16	♯3机组 LCU A1 柜 PLC						
17	♯3机组 LCU A2 柜 PLC						
18	♯4机组 LCU A1 柜 PLC						
19	♯4机组 LCU A2 柜 PLC						
20	检修排水泵 PLC						
21	渗漏排水泵 PLC						
22	生活污水泵自动控制						
23	施工支洞排水泵自动控制						
备注							

单位负责人: 　　　部门负责人: 　　　统计:

填报日期:

A.2:年自动开、停机动作情况表

统计时段(月)	#1机组 开停次数	#1机组 成功次数	#2机组 开停次数	#2机组 成功次数	#3机组 开停次数	#3机组 成功次数	#4机组 开停次数	#4机组 成功次数	全厂合计 开停次数	全厂合计 成功次数	开停机成功率(%)
1											
2											
3											
4											
5											
6											
7											
8											
9											
10											
11											
12											
合计											
备注	开停机成功率=(全厂开停机成功总次数/全厂开停机总次数)×100%											

单位负责人：　　　　部门负责人：　　　　统计：

填报日期：

A.3:年热工技术监督仪表合格率统计表

仪表名称	全厂仪表总数(块)	今年应检仪表数(块)	合格数(块)	仪表校验率(％)	仪表合格率(％)	备 注
压力表						
压力变送器						
其他仪表						
合计						

单位负责人：　　　　　部门负责人：　　　　　统计：

填报日期：

附录 B　励磁系统试验仪器设备及仪表配置最低标准(暂定)

1. 微机型继电保护综合试验装置(具备同期试验功能)。
2. 可作励磁系统自动电压调节器的静态试验装置(多功能信号发生器)。
3. 记忆示波器。
4. 数字毫秒计。
5. 数字式电流电压相位表(0.05~5 A,0~220 V)。
6. 指针式万用表。
7. 数字式万用表(4~1/2 位)。
8. 相序表。
9. 1 000 V 摇表(或数字式兆欧表)。
10. 交流电压表(0.5 级)。
11. 交流电流表(0.5 级)。
12. 滑线变阻器(若干)。
13. 单相调压器(>5 kVA)。
14. 用于发电机励磁系统动态试验的参数记录仪(录波器)。
15. 红外测温仪。

附录 C　发电厂励磁系统监督报表

　　　　　　　　　　　　　　　　　　　　　　　_____发电厂_____年_____月

机组号	发电机运行小时数	AVR自动投入率（%）	励磁系统故障次数	励磁强迫停机小时	限制环节1动作情况	限制环节2动作情况	备注
1							
2							
3							
4							
5							
6							
7							
8							
9							
10							
11							
12							

审批：　　　　　　　　填表：　　　　　　　　上报日期：

发电机励磁系统监督报表内容：

（1）励磁调节器运行情况（自动、手动、感应调压器方式）主要统计自动运行方式占全部运行时间的百分比，即自动投入率。

（2）励磁系统每月故障次数（仅统计造成停机的故障次数）。

由于励磁系统故障或事故造成强迫停机的小时数。

（3）励磁系统各限制器动作情况。

（4）励磁系统更改后的运行情况。

注：各电厂根据实际情况进行上报，每月一次。如遇到重大设备缺陷或事故应随时通知监督管理机构。

附录 D 发电机励磁系统技术管理执行机构应具备的技术资料

1. 二次回路(包括控制及信号回路)原理图。
2. 一次设备主接线图及主设备参数。
3. 装置及控制屏的端子排图。
4. 装置的原理说明书、原理逻辑图、程序框图、分板图、装焊图及元件参数。
5. 装置的最新整定定值单及执行情况。
6. 装置的校验大纲。
7. 发电机励磁系统传递函数总框图及参数说明。
8. 发电机励磁系统的投产试验报告及校验报告。校验报告应包括试验项目数据、结果、试验发现的问题及处理方法、试验负责人、试验使用的仪器、仪表、设备和试验日期等内容。
9. 装置及二次回路改进说明,包括改进原因、批准人、执行人和改进日期。
10. 发电机励磁系统现场运行规程。
11. 发电机励磁装置动作信号的含义说明。
12. 经安监部门备案的励磁装置典型安全措施表。
13. 励磁装置及二次回路的缺陷及处理情况的详细记录;励磁系统保护及发电机强励、失磁等动作情况统计和原因分析。
14. 上级单位颁发的规程、规定制度、专业技术文件的反措及执行情况记录。
15. 励磁系统的校验计划及执行情况。
16. 仪器、仪表设备使用说明书。
17. 当地调度部门要求的各种参数及运行记录。

附录 E 电压幅值月、季报表格式

E.1：发电企业电压质量技术监督　月报表（电压）

上报单位_____　　上报时间_____

厂站母线名称	低谷点平均		低谷点最高(kV)	高峰点平均		高峰点最低(kV)	电压波动值(kV)		电压逆调系数	
	当月	去年同期		当月	去年同期		当月	去年同期	当月	去年同期

批准：　　　　　　审核：　　　　　　填表：

说明：（1）"厂站母线名称"为发电厂每个电压等级（不含厂用电）母线，母线分段运行则分别报。
　　　（2）"电压波动值"为低谷点最高电压值减去高峰点最低电压值。低谷点和高峰点可按调度规定的时间统计。
　　　（3）"电压逆调系数"为高峰平均电压除以低谷平均电压值。
　　　（4）测量值取每日 24 小时整点测量结果，可从监控系统取值。

E.2:发电企业电压质量技术监督 季报表

发电厂：_____   上报时间____年__月__日

电压质量技术监督告警项目中指定的设备异常情况

设备名称	异常原因	发现时间	结束时间	备注

电压表计及与电压测量相关回路情况

设备名称	最近校验时间	检验结果	下次检验时间

其他应说明的情况

备注：(1) 本表涉及的母线、设备等均指中调调度管辖范围的相应设备。
(2) "电压表计及与电压测量相关回路情况"可在年初或年底一次填写，不必每月都填。
(3) "其他应说明的情况"中可填写因设备故障或障碍影响发电机调整电压等事项。
(4) 此表格行数可扩充或附加。

批准：   审核：   填表：

附录 F 电压质量监督谐波报表

电厂　　　年　　　月谐波技术监督报表
（每半年报一次）

F.1　谐波电压测量结果

测点	基波相电压(kV)	各次谐波电压含有率及总畸变率(%)						
		3	5	7	9	11	13	THDu
220 kV								
110 kV								
10 kV								
#机端								

F.2　母线三相电压不平衡度 ε_u (%)

测点	#机端	10 kV	110 kV	220 kV
ε_u				

F.3　发电机定子谐波电流测量结果

机组	额定基波电流(A)	基波电流(A)	各次谐波电流含有率及总畸变率(%)						
			3	5	7	9	11	13	THDi

F.4　闪变测量结果

电压等级(kV)	Pst 值

填表人：　　　　　填表日期：　　　　　审核：

第7章
设备可靠性管理

7.1 设备可靠性管理机构与职责

7.1.1 管理机构

1. 综合部为设备可靠性归口管理部门，负责设备可靠性实施过程中的监督与考核。

2. 为保证可靠性管理实施细则的落实，各部门应设定专人负责可靠性管理工作。

7.1.2 综合部可靠性工作内容和要求

1. 贯彻执行国家及电力行业颁布的各项可靠性管理规定和规程，制定本厂可靠性管理办法和实施细则。

2. 负责编制发电、输电设施可靠性计划指标，并分解下达指标到各部门。

3. 负责汇总各职能部门填报的可靠性数据，并上报上级主管部门。

4. 定期和不定期组织规程的学习和可靠性管理、统计人员的技术培训工作，提高可靠性管理、统计人员的业务水平，确保基层人员准确判断设施的运行状态，正确填写可靠性报表记录。

5. 完成上级主管部门交办的各项工作任务。

7.1.3 发电部可靠性工作内容和要求

1. 负责采集、统计、报送各项可靠性指标数据信息，全面客观地反映设备的真实情况,做到数据准确、及时、完整。对异常事件,生产发电部当值值长必须出具详细的原因说明,不能确定的事件原因必须经厂部裁定。

2. 负责全厂发电及输变电设备的安全可靠运行,合理安排设备的运行方式。

3. 负责每月 8 日前,根据运行日志、MIS 系统中设备运行事件记录、工作票受理登记向综合部报送全厂发电设备、输变电设备的运行情况统计月报表;填报全厂 220 kV 的♯2051、♯2052、♯2053 的 3 条线路在运行及带电作业的事件,并对数据的准确性负责。

4. 加强设备的运行巡检工作,提高判断设备缺陷的能力,确保无强迫停运事件。

5. 根据厂部可靠性实施计划编制本部门的执行计划,并认真执行确保达到年初计划目标。

6. 完成上级主管部门交办的各项工作任务。

7.1.4　检修部可靠性工作内容和要求

1. 用可靠性管理技术合理安排检修计划,并以检修后的可靠性指标评估检修质量。

2. 定期进行可靠性统计分析,提供分析报告,为全厂设备安全、可靠运行提供必要的数据和依据。

3. 严格按停电计划控制停电作业,尽量减少非计划停运次数。

4. 负责设备的维护工作,不断减少设备的非计划停运时间。

5. 根据厂部可靠性实施计划编制本部门的执行计划,并认真执行确保达到年初计划目标。

6. 定期对设备进行可靠性分析,并有记录,年终上交可靠性管理工作总结。

7. 完成上级主管部门交办的各项工作任务。

7.2　人员要求

1. 厂属各有关部门的可靠性兼职人员应事业心强,对工作认真负责,努力学习电力业务知识,熟悉可靠性管理技术。

2. 可靠性管理兼职人员应尽可能多地了解有关生产和经营活动,提高分析应用水平,提出提高设备可靠性措施,及时提供可靠性状况报告,为领导决策提供依据。

7.3 统计方法

1. 统计范围：本厂所辖范围内的主设备、220 kV 及以上输变电设施（包括：变压器、断路器、隔离开关、电流互感器、电压互感器、避雷器、耦合电容器、阻波器、母线）。

2. 状态定义及分类（详见发电设备和输变电设施可靠性评价规程）。

3. 注册数据统计有关要求

（1）基础注册数据统计工作以综合部当年数据为基础，每年一季度由综合部负责上报。

（2）当发电设备、线路变动时，发电部应根据电厂管辖范围的基础注册数据情况填报设备及线路变动情况表，注册变动数据按月上报综合部。（设备变动指设备型号或参数变化、设备增减、退出，容量、数量增减等）

（3）每月 10 日前报送上一月度发电主机可靠性信息。

（4）每季度首月 15 日前报送上一季度发电辅助设备、输变电设备可靠性信息。

（5）每年 2 月 15 日前报送上一年度电力可靠性管理和技术分析报告。

7.4 考核

1. 发电部未按时在每月 8 日前提交上一月度主机可靠性信息，取消发电部当月评优资格；综合部未按时在每月 10 日前上报上一月度主机可靠性信息，取消综合部当月评优资格。

2. 发电部未按时在每季度首月 12 日前提交上一季度发电辅助设备、输变电设备可靠性信息，取消发电部当月评优资格；综合部未按时在每季度首月 15 日前上报上一季度发电辅助设备、输变电设备可靠性信息，取消综合部当月评优资格。

3. 检修部每年未按时在每年 2 月 10 日前提交上一年度可靠性管理和技术分析报告，取消检修部当月评优资格；综合部未按时在每年 2 月 15 日前上报上一年度可靠性管理和技术分析报告，取消综合部当月评优资格。

第8章
技术培训管理

8.1 培训目标及要求

1. 努力培养出一支思想好、技术业务精、作风正、纪律严、适应电厂发展的、合格的运行维护队伍。
2. 建立健全岗位培训网络，明确职责，分工合作，共同完成各项培训任务。
3. 实现培训工作的制度化、规范化，实行指导、监督、考核相结合的办法。
4. 实行全员培训，各级岗位生产人员必须达到《电力生产工人等级标准》和运行岗位"三熟三能"的要求。
5. 现场培训工作遵循专业对口，学以致用，引导员工向培训技术全能复合型员工方向发展，突出岗位技能培训、理论联系实际的原则。
6. 建立员工技术培训档案，作为员工上岗、岗位晋升的重要依据。

8.2 技术岗位组成及岗位技术要求

8.2.1 岗位组成

电厂根据工作需要，按照工作职责及标准逐级设置相应技术岗位，具体岗位设置如下：

1. 发电部的技术岗位由技术主管工程师、值长、副值长、值班工程师、值班员、副值班员等组成。
2. 检修部技术岗位由技术主管工程师、专责工程师、技术员、检修员等组成。

8.2.2 岗位技术要求

1. 发电部

(1) 副值班员

①熟悉《电网调度规程》、《电力安全工作规程》运行规程等规程规范;

②能够熟练地查看、识别与水电生产设备有关的图纸;能够看懂设备结构图、原理图及常用二次回路图;

③熟悉水轮机,发电机,计算机监控系统,电气一、二次等系统的基本结构及其工作原理;

④熟悉全厂设备,能够对设备进行正常的监视和巡回检查;

⑤熟悉"两票三制",能够正确填写操作票,能在监护下进行设备操作或进行简单操作的监护任务;

⑥能准确填写运行日志,设备缺陷报告单,继电保护及自动装置动作记录表,设备运行报表以及调度命令登记簿等各种运行记录;

⑦能在监护下进行开停机及负荷调整操作,以及设备定期切换等工作;能分析、判断设备异常,根据指令和安排正确处理事故;

⑧能正确使用常用的电工器具及安全工器具;

⑨事故发生后能够准确汇报有关事故现象。

(2) 值班员

①具备副值班员技术资格,能独立进行开停机及负荷调整操作,以及设备定期切换等工作;

②熟悉"两票三制",能够正确填写操作票,能独立进行设备操作以及监护任务;

③能正确使用常用的电工器具及安全工器具;

④事故发生后能够准确汇报有关事故现象,具备对事故进行一般分析、处理的能力。

(3) 值班工程师

①具备值班员技术资格,熟悉设备反事故措施及事故预案;

②熟悉"两票三制",能够正确办理工作票和填写、审查各类操作票;

③熟悉各设备系统的各项操作及一般故障处理;能够对设备进行操作及操作监护工作;

④能正确布置设备检修的安全措施及检修后的设备验收工作;

⑤能正确与上级调度进行联系,并按调度命令进行操作;能全面正确地

监视、控制、发变电设备的运行参数,能根据运行状况参数变化分析设备的潜在故障;

⑥能对主、辅设备一般故障进行分析,并能迅速地隔离故障设备;

⑦能制定事故预想方案和反事故技术措施,提出设备技改方案和革新建议;

⑧能够根据设备的检修、调试项目,制定安全措施和进行正确验收。

（4）副值长

①具备值班工程师相关技术要求,熟悉《ON-CALL管理规定》《设备缺陷管理规定》等规章制度;

②能分析、判断设备异常,并能正确处理事故;

③能对机组运行设备的有关参数进行实时判断和分析,评价设备性能,调整设备状态;

④能结合设备运行方式的变更和设备的异常运行,提出事故预想方案和反事故技术措施。

（5）技术主管工程师及值长

①具备值班工程师相关技术要求,熟悉《ON-CALL管理规定》《设备缺陷管理规定》等规章制度;

②能分析、判断设备异常,并能正确处理事故;

③能对机组运行设备的有关参数进行实时判断和分析,评价设备性能,调整设备状态;

④能结合设备运行方式的变更和设备的异常运行,提出事故预想方案和反事故技术措施;

⑤设备检修完成后能指挥完成设备调试试验工作。

2. 检修部

（1）检修员

①熟悉《电力安全工作规程》及电厂各项规章制度;能够正确填写工作票;

②熟悉本专业所需要的专业知识及行业、国家规程规范标准;

③熟悉电厂各系统的生产设备基本结构及其工作原理;

④熟悉本专业设备结构、原理及各部件作用、检修工艺、规范标准;

⑤熟悉本专业各类仪器、仪表的使用和保养方法;

⑥在相关技术人员指导下能够对本专业设备进行一般性的检修维护;

⑦在相关技术人员指导下能够处理本专业设备的一般性缺陷。

（2）技术员

①具备检修员相关技术要求,熟悉相关检修工作工艺及流程;

②能够独立对本专业设备进行专业点检,并具备一定的设备分析能力;

③能够独立进行本专业设备的检修维护工作;

④具备一定设备管理知识,能按要求正确填写各类设备台账和试验报告;

⑤能够独立处理本专业设备的一般性缺陷。

(3) 专责工程师

①具备技术员相关技术要求,熟悉本专业各类反事故措施;

②熟悉本专业设备的检修运行情况,能熟练进行检修维护工作;

③熟悉设备专业、精细的点检流程,能够对点检数据进行分析判断,能够对本专业设备运行趋势进行分析;

④能够独立完成本专业技术改造、调试方案、测试报告的编写工作;

⑤能够熟练制定本专业的检修维护项目的安全组织措施和安全技术措施;

⑥具有初步分析本专业设备的异常现象和事故的能力;能对调试、试验结果进行正确分析,判断设备存在的缺陷,并提出改进意见和防范措施;能够较熟练掌握本专业设备故障的查找方法;

⑦熟悉本专业设备技术监督各项管理要求,了解本专业新技术的使用情况。

(4) 技术主管工程师

①具备一至二类设备专责工程师相关技术要求,了解各专业各种规程、规范的理论依据及专业要求;

②能够审核常规检修项目方案及技术措施;

③具有初步分析设备运行中异常现象和事故的能力;能对设备故障结果进行分析,判断设备存在的缺陷,并提出改进意见和防范措施;

④能够参与大修和技改工程主要设备的验收工作;能够解决检修中比较复杂的技术、工艺难题。

8.3 培训机构设置

1. 建立健全以部门领导、兼职培训员、值(班组)长为主要培训指导的三级培训网络。

2. 员工培训工作主要由各部门的部门领导负责,由部门领导指定的兼职培训人员辅助完成培训工作。

3. 各值(班组)专业技术员在值长(班长)的领导下,协助兼职培训员完成各专业技术培训任务。

8.4 培训管理要求

1. 员工培训以现场岗位培训为主,采用技术讲解、技术问答、现场抽考、上岗考试、事故预想、反事故演习、专业技术比武等多种形式。

2. 新在岗员工的技术培训应根据各人实际情况由部门指定专人负责培训,从严执行岗位规范和技术培训标准。

3. 新员工进入现场后,6个月应能够达到副值班员(检修员)的任职要求;1年能达到值班员(技术员)的任职要求。

4. 生产现场值班人员无论何种原因离开岗位超过6个月以上者,应经考试合格或跟班实习后方可重新上岗。

5. 各部门应根据在岗人员情况,严格执行各部门的培训管理制度,于每年2月前制订年度培训计划,报综合部备案。培训计划应做到定人、定责、定时间、定培训要求,且每月应有考核情况及培训总结。

6. 各值(班组)的考问讲解应经常性、一贯性,负责人应经常检查在岗人员对设备的构造、性能、作用及系统的熟悉程度,正确、合理维护设备的操作方法以及排除一般故障的方法。对检查出的缺陷、薄弱环节和漏洞等不能解答的问题,应讲解清楚后再向被考问者提问。

7. 班员、值班工程师在独立上岗值班工作前,必须经现场基本制度学习、跟班学习和试行值班学习三个培训阶段。每个阶段须制订培训计划,并按计划进行培训、考核。如考核不合格,再进行培训,时间一个月,经补考仍不合格,报厂部商议。

8. 技术员、检修员在取得任职资格前,必须经《电力安全工作规程》和相关安全制度考试、专业知识考试、跟班学习和 ON－CALL 跟班学习四个培训阶段,每个阶段均须制订培训计划,并按照培训计划进行培训、考核。如考核不合格者,再进行培训,时间一个月,经补考仍不合格,报厂部商议。

9. 转岗培训可视为新员工培训和岗位技能培训的结合。转岗人员在独立上岗前,仍须按新上岗人员培训流程进行相应的培训,培训时间可根据技能掌握程度,其阶段培训可弹性调整,培训合格后方可独立上岗。

8.5 岗位培训内容

岗位培训主要内容包含以下几个方面,但不限于此:

1.《电业安全工作规程》《电气设备运行及事故处理规程》《电业安全生产工作条例》以及消防常识、紧急救护、环保节能知识等。

2. 安全生产岗位责任制有关工作标准以及现场各项工作制度。

3. 基础专业理论知识,现场各系统设备熟悉。

4. 设备的构造、原理、技术参数、性能、运行操作及日常维护方法和常见事故的处理方法。

5. 操作票、工作票的填写、审核。

6. 运行规程和检修规程、作业指导书等。

7. 安全工器具、电动工具、仪器等的使用。

8. 电厂出现过的事故、设备障碍等异常,历年经常发生事故的技术资料以及上级部门下发的事故通报、事故资料和反事故技术措施等。

9. 新技术和先进的运行操作方法。

10. 安全经济运行方式和先进工作方法。

11. 季节变化对运行工况的影响和易发事故及其预防措施、处理方法。

12. 事故预案、事故演习暴露出来的薄弱环节。

8.6 考核办法

1. 新员工上岗、晋级培训考核应分为理论、实操、面试等环节,试题由各培训部门提出,由电厂总工程师审核后形成正式试题后报综合部备案。考试时应严格遵守考场纪律,杜绝形式主义。对一些重要技术岗位的实操、面试考核环节,由厂领导、总工程师、综合部以及相关部门一同组成考核组进行考核。

2. 参加外培人员,学习成绩差、态度不认真,未能按时取证的,按公司规定考核,亦作为年度绩效考核的一部分。

3. 对于无故不参加公司、部门举办的各种培训讲课、学习、考试者或学习不认真者,由部门统计报综合部备案,作为年度绩效考核的一部分。

4. 培训工作完成较差或达不到培训目标的部门,该部门领导取消年度评优资格。

5. 值(班组)培训工作完成较好、成绩突出,具有实效性,目标性强,经厂部评议后,可给予适当奖励。

6. 建立个人技术培训档案,培训成绩优异者,在上岗、晋级以及年度绩效评优时,可作为重要的参考依据。

第 9 章
设备点检管理

设备点检管理主要包括部门及岗位的管理职能、管理目标、管理内容和流程以及形成的报告、记录和表单等。

9.1 部门及岗位管理职能

9.1.1 各部门职责

1. 发电部职责

（1）负责设备日常巡检，并严格执行电厂《设备巡检规程》，及时发现设备异常和故障。

（2）负责缺陷发现、登记、消缺配合、验收等各阶段工作，严格执行《设备缺陷管理制度》。

（3）在设备点检作业过程中，严格执行电厂《工作票和操作票管理制度》，确保安全组织措施和技术措施到位。

（4）参与设备劣化趋势分析与讨论工作，提出处理意见和改进、改善对策。

2. 检修部职责

（1）负责组织开展设备点检标准的审核及发布。负责设备点检工作的具体实施。

（2）按照点检管理的要求，起草设备点检项目标准。

（3）根据设备变更或异常运行情况提出对相关点检标准的修改和完善建议。

（4）严格按设备点检相关规定执行，对设备点检工作的安全、质量负责。

（5）结合设备点检状况，开展设备劣化趋势分析与讨论工作，提出处理意见和改进、改善对策。

（6）将执行设备点检工作中发现的设备隐患和缺陷及时通知ON-CALL组长并组织消缺。

（7）负责编写专业点检周（月）报，建立和完善设备点检相关台账。

（8）负责本部门点检工作的监督与考核。

3. 综合部职责

（1）负责协调处理设备点检执行过程中存在的争议问题。

（2）在设备点检中发现设备劣化趋势明显时，及时组织召开设备劣化倾向分析讨论会。

（3）负责新增的重要设备监测点的发布和取消，对设备点检工作的过程和实施效果进行指导。

（4）负责点检工作的日常监督与考核。

9.1.2 各级设备管理人员职责

1. 厂部职责

（1）在厂长领导下，认真贯彻有关电力生产方针、法规、标准及技术规范，全面负责设备点检管理工作，努力提高设备运行的可靠性水平。

（2）负责组织审核设备点检各项技术标准、作业标准、点检周期和管理标准并组织实施。

（3）负责审核确认新增或取消的重要设备监测点。

（4）在设备点检中发现设备劣化趋势明显时，主持召开设备劣化倾向分析讨论会，确定处理意见或改进、改善对策。

2. 各部门部长、副部长职责

（1）深入现场，掌握设备动态，督促各点检员做好设备异常监测与分析，并采取相应处理或防范措施。

（2）建立健全设备点检档案，如各项技术记录及异常情况记录。

（3）负责组织编制和审核设备点检标准及周期。

（4）负责做好本部门设备点检日常监督与考核工作，确保设备点检的质量。

（5）负责本部门职工安全教育，在设备点检过程中提高职工安全意识，杜绝违章，落实安全责任制。

3. 各部门技术主管职责

（1）协助部门领导协调本部门分工范围内设备点检管理的各项工作。

（2）组织编制、修订设备点检各项技术标准、作业标准、点检周期和管理标准。

（3）参与审核本专业设备点检标准及设备点检台账及技术档案。

（4）深入现场，掌握设备点检情况，督促点检员做好设备异常情况监测与分析，提出处理意见或建议。

4. 点检员职责

（1）对自己分管的设备点检项目负责，是分管设备点检项目的责任者。

（2）制定、修订分管设备的点检标准。

（3）负责制定落实分管设备的安全措施，保证点检现场作业安全。

（4）深入现场，掌握分管设备状况，严格按点检标准和周期要求做好分管设备的点检工作。

（5）如果在设备点检过程中发现缺陷，及时按设备缺陷管理规定执行。发现点检项目有劣化趋势时，及时汇上报部门领导并继续做好监测与分析，提出处理意见或建议。

（6）负责分管设备的点检劣化趋势讨论、精密点检、劣化倾向管理和性能测试等工作，进行设备危险点、薄弱点分析，提出处理意见或建议。

（7）做好分管设备的点检工作，填写点检工作日志，做好分管设备的点检记录相关台账。

（8）负责定期对设备点检标准、点检具体项目和周期进行修订和完善，及时按综合部下达的新增或取消的设备监测点做好点检项目更新。

9.2　设备点检管理规定

1. 点检管理的基本原则

（1）定点：科学地分析、确定设备容易发生劣化的部位，确定设备的维护点以及该点的点检项目和内容。

（2）定标准：按照设备技术标准的要求，确定每一个维护检查点参数（如间隙、温度、压力、振动、流量、绝缘等）的正常工作范围。

（3）定人：按区域、按设备、按人员素质要求，明确各设备专责工程师为各专业面设备点检员。

（4）定周期：预先确定设备的点检周期和点检状态，按照一定周期进行点检。

（5）定方法：根据不同设备及点检要求，明确点检的具体方法，如用感官

(视、听、触、嗅)或用仪器、工具进行点检。

（6）定量：采用技术诊断和劣化倾向管理方法，运用现代化管理手段进行设备劣化的量化管理。

（7）定作业流程：明确点检作业的程序，包括点检结果的处理程序。

（8）定点检要求：做到定点记录、定标处理、定期分析、定项设计、定人改进、系统总结。

2. 按设备专责分工对分管设备进行点检管理。

3. 技术监督中涉及的检查、测试、分析等工作属于点检工作的内容，点检人员应熟悉和掌握。

4. 按标准格式及要求起草与点检相关的管理标准、技术标准和工作标准，经厂部批准后执行。

5. 应实行对设备点检管理和技术标准的动态管理，每年一次对设备点检标准、点检具体项目和周期进行修订和完善，综合部下达的新增或取消的设备监测点须及时更新，新增设备监测点的点检标准、项目、周期等应在下达后5个工作日内更新。

6. 设备点检相关部门每月编制专业点检周(月)报，对点检情况运行趋势进行分析总结。

7. 对于新增或取消的设备监测点，由综合部统一下达至相关部门，相关部门对设备点检项目做好及时更新，并按要求做好监测。

9.3 设备点检管理规定及作业流程

1. 按照设备点检管理要求，结合设备实际运行状况，检修部制定设备点检标准，经厂部审核后予以下达。

2. 各点检员按照设备分工根据点检标准开展设备点检工作。

3. 对于在设备点检中发现缺陷的，按照电厂《设备缺陷管理制度》执行缺陷管理流程。对于安全大检查等工作中发现的需要监测的设备隐患也应纳入点检。

4. 对于在未处理的或未能彻底处理且需要进行监测的缺陷，除办理缺陷延期手续外，由综合部根据缺陷情况下达新增设备点检项目及点检周期至相关部门，相关部门从下达之日起开展落实新增点检项目相关点检工作。

5. 各点检员根据设备点检周期和设备点检情况，填写点检工作日志，分析设备运行趋势。

6. 当设备有劣化趋势时,各专责工程师应根据设备劣化趋势将情况向部门汇报。对于运行劣化趋势不明显的设备点,由部门组织讨论调整周期,继续加强监测。

7. 对于运行劣化趋势明显的设备点,除向部门领导汇报外还应及时提交厂部,由厂部组织劣化趋势分析与讨论,提出改进或改善对策,明确进行消缺处理或继续进行点检监测。

8. 经厂部讨论确定须消缺处理的劣化趋势明显的设备点,按照电厂《设备缺陷管理制度》执行消缺管理流程。消缺完成后须继续对此设备点进行监测,监测一定时间后运行状况良好,由综合部下达取消该点检监测点。

9. 经厂部讨论确定仍须继续监测的劣化趋势明显的设备点,部门应继续纳入设备点检项目,继续按要求做好点检工作。

10. 设备点检流程图如图 9.1 所示。

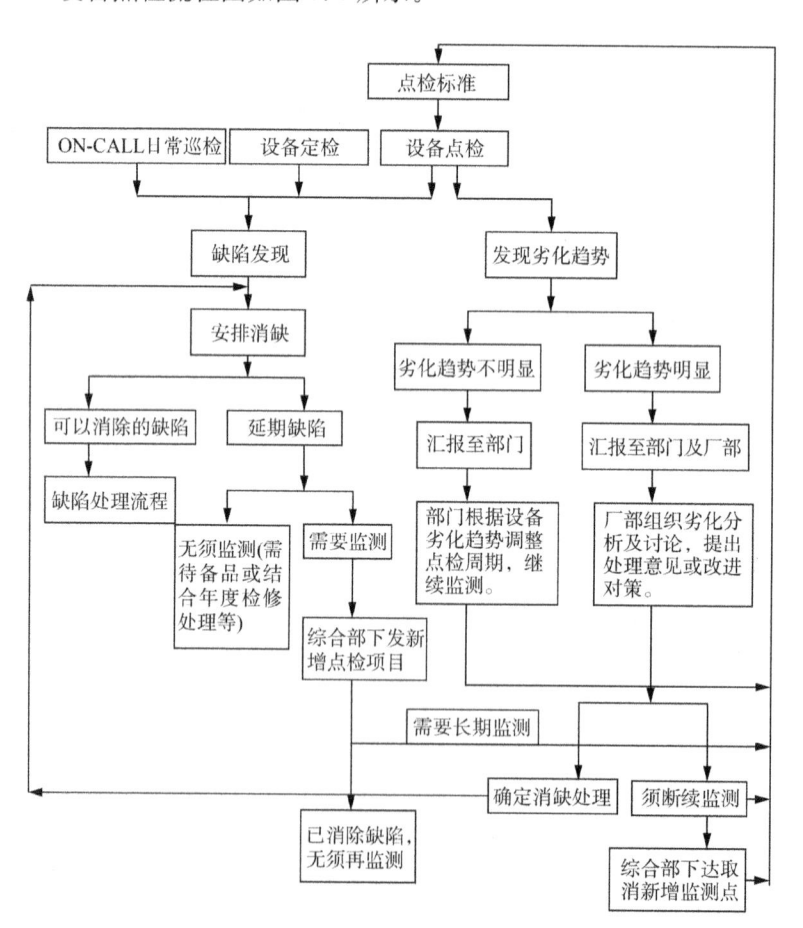

图 9.1 设备点检流程图

9.4 考核

1. 在设备点检过程中,及时发现一类设备缺陷和隐患(一类缺陷定义详见《电厂设备缺陷管理制度》),经厂部核实,给予点检员一次性奖励100元。

2. 点检员发现点检项目有劣化趋势后,能认真分析,提出明确的改进或改善对策,实施后取得实效,经厂部核实,给予点检员一次性奖励100～300元。

3. 点检员在点检过程中发现缺陷后未及时汇报ON-CALL组长,并未把缺陷的内容录入MIS系统的,经厂部核实,每项缺陷扣罚点检员50元。

4. 设备点检工作未按点检标准和点检周期完成的,经厂部核实,扣罚点检员50元。

5. 设备点检记录不规范或不全的,经厂部核实,扣罚点检员50元。

6. 未认真对设备运行趋势进行分析或未及时汇报劣化明显的趋势,导致设备事故或事件扩大的,取消点检员个人年度评优资格,并根据事故或事件性质及大小,按电厂《安全生产奖惩规定》予以考核。

7. 在设备点检过程中点检员发生违章行为,按电厂《反违章管理规定》予以扣罚。

8. 各部门须将设备点检考核项目纳入本部门绩效量化考核管理办法予以严格考核。

9. 综合部负责厂级点检工作的相关考核工作,每月提出考核意见,经厂部核实,予以考核。

附录 A 新增点检项目通知单

点检部门		设备名称	
点检项目		周期	
新增原因			
注意事项			
点检员签字		部门领导签字	

附录 B 点检项目取消通知单

点检部门		设备名称	
点检项目		周期	
取消原因			
注意事项			
点检员签字		部门领导签字	

附件 C　年度设备点检项目修订表

上次修订日期	
本次点检项目修订内容	
初　审	
审　核	
批　准	

第 10 章
检修绩点管理及考核制度

10.1 目的

为了进一步提高电厂机组检修工作精细化、标准化管理水平,根据电厂的实际情况,在年度机组检修中实行检修绩点管理及考核,对检修工作进行点化、量化,通过绩点管理进一步提高检修的工作效率,充分调动检修人员的积极性和主动性,确保电厂年度检修工作按时、保质、安全高效地完成。

10.2 绩点项目

绩点项目以各台机组为单位,每台机组检修计绩点一次。绩点项目主要包含以下三个部分:

1. 检修部工作绩点项目包括电气、机械、自动化专业常规检修项目和特殊检修项目等。
2. 发电部绩点项目包括检修隔离及恢复操作、办理工作票、配合调试试验等。
3. 综合部工作绩点项目包括调试类、安全验收和技术质量验收、试验大纲编制、检修资料汇编、安全检查、临时物资采购或加工等检修相关工作。

10.3 绩点对象及时限

参与电厂年度机组检修的所有人员,仅限在每年年度机组检修期间适用绩点管理。

10.4 绩点办法

1. 各部门应根据检修工作职责要求认真制定本部门工作绩点项目明细表。
2. 工作绩点项目明细表必须全面结合厂部下达的年度检修计划项目表制定,赋分标准应科学合理,必须经部门员工集体讨论后确定。
3. 绩点由电厂各部门负责统计,绩点统计工作应做到客观、公正、公平。
4. 绩点项目主要包括检修常规项目和特殊项目、项目质量验收、运行操作及恢复、运行办票、ON-CALL 和值守配合试验、安全验收、临时物资采购或加工等。
5. 检修常规绩点项目和特殊绩点项目由厂部在年度机组检修前讨论确定。

10.4.1 检修项目绩点办法

1. 每个检修项目绩点分值主要由四部分组成:A(工期)、B(工种及人数)、C(劳动强度)、D(工作技能)。
2. A 工期是指工作时间,根据年度机组检修工作多年的实际完成工期情况确定。
3. B 中工种分为工作负责人、技术工人和外聘人员,根据年度机组检修多年参与工种人员情况确定。技术人员是指设备专责、辅助员工等。外聘人员是指性能试验人员、外聘焊工、劳务用工等。
4. C 劳动强度主要包括实施工作所付出的劳动力强度,工作环境空间的狭窄、地面的湿滑,作业时劳动的姿势等。劳动强度等级分为高、中、低,强度指数分别为 2、1.5 和 1。
5. D 工作技能主要包括完成工作所需要的技术能力,开展工作存在的安全风险系数等。工作技能等级分为高、中、低,技能指数分别为 2、1.5 和 1。
6. 每个检修项目绩点分值 S 的计算方法:$S = A \times B \times (C+D) \times 4$。
7. 赋分标准:每个检修项目若参与工种和总人数不同,则工作负责人、技术人员和外聘人员赋分比例也不同,具体赋分标准如表 10.1 所示。

表 10.1 检修项目不同参与人员与工种的赋分标准表

总人数	赋分标准
2人	2人:工作负责人1(60%),技术人员0,外聘人员1(40%)
	2人:工作负责人1(60%),技术人员1(40%),外聘人员0
	2人:工作负责人0,技术人员1(60%),外聘人员1(40%)
3人	3人:工作负责人1(44%),技术人员0,外聘人员2(各28%)
	3人:工作负责人1(45%),技术人员1(35%),外聘人员1(20%)
	3人:工作负责人1(48%),技术人员2(各26%),外聘人员0
4人	4人:工作负责人1(37%),技术人员0,外聘人员3(各21%)
	4人:工作负责人1(40%),技术人员1(30%),外聘人员2(各15%)
	4人:工作负责人1(42%),技术人员2(各25%),外聘人员1(8%)
	4人:工作负责人1(43%),技术人员3(各19%),外聘人员0
5人	5人:工作负责人1(32%),技术人员0,外聘人员4(各17%)
	5人:工作负责人1(35%),技术人员1(20%),外聘人员3(各15%)
	5人:工作负责人1(36%),技术人员2(各20%),外聘人员2(各12%)
	5人:工作负责人1(36%),技术人员3(各18%),外聘人员1(10%)
	5人:工作负责人1(36%),技术人员4(各16%),外聘人员0
6人	6人:工作负责人1(30%),技术人员0,外聘人员5(各14%)
	6人:工作负责人1(33%),技术人员1(23%),外聘人员4(各11%)
	6人:工作负责人1(33%),技术人员2(各20%),外聘人员3(各9%)
	6人:工作负责人1(34%),技术人员3(各18%),外聘人员2(各6%)
	6人:工作负责人1(34%),技术人员4(各15%),外聘人员1(6%)
	6人:工作负责人1(35%),技术人员5(各13%),外聘人员0
7人	7人:工作负责人1(22%),技术人员0,外聘人员6(各13%)
	7人:工作负责人1(24%),技术人员1(16%),外聘人员5(各12%)
	7人:工作负责人1(24%),技术人员2(各18%),外聘人员4(各10%)
	7人:工作负责人1(25%),技术人员3(各16%),外聘人员3(各9%)
	7人:工作负责人1(26%),技术人员4(各15%),外聘人员2(各7%)
	7人:工作负责人1(27%),技术人员5(各14%),外聘人员1(3%)
	7人:工作负责人1(28%),技术人员6(各12%),外聘人员0
8人	8人:工作负责人1(23%),技术人员0,外聘人员7(各11%)
	8人:工作负责人1(23%),技术人员1(17%),外聘人员6(各10%)
	8人:工作负责人1(23%),技术人员2(各16%),外聘人员5(各9%)
	8人:工作负责人1(23%),技术人员3(各15%),外聘人员4(各8%)
	8人:工作负责人1(23%),技术人员4(各14%),外聘人员3(各7%)
	8人:工作负责人1(23%),技术人员5(各13%),外聘人员2(各6%)
	8人:工作负责人1(23%),技术人员6(各12%),外聘人员1(5%)
	8人:工作负责人1(23%),技术人员7(各11%),外聘人员0

8. 根据每个检修项目绩点分值 S 和赋分标准计算出该检修项目工作负责人、技术人员和外聘人员各自所得到的实际绩点分值。

9. 检修部根据检修人员实际完成的检修项目统计汇总出每位检修人员个人总绩点分值。

10.4.2 发电部项目绩点办法

1. 发电部绩点项目主要包括机组隔离及恢复操作、运行办票、ON-CALL 和值守配合检修试验等。

2. 每个机组隔离及恢复操作任务绩点分值主要由四部分组成：A(工期)、B(人数)、C(劳动强度)、D(工作技能)。

3. A(工期)是指工作日，根据操作实际完成工期情况确定。

4. B(人数)指每项操作任务所需人数，一般情况下需 3 人。

5. C(劳动强度)按操作项数分为重(60 项以上)、中(30～60 项)、轻(1～30 项)，劳动强度指数分别对应为 2、1.5 和 1。

6. D(工作技能)按操作任务要求的技术水平和安全风险高低赋分。工作技能 D 分为高、中、低三个等级，其技能指数分别对应为 3、2 和 1.5。

7. 每个操作任务绩点总分值 S 的计算方法：$S = A \times B \times (C+D) \times 4$。

8. 赋分标准：操作分值按 30% 比例赋分，即 30%S；审核分值按 34% 比例赋分，即 34%S；审核分值按 36% 赋分，即 36%S。

9. 工作票绩点方法：工作票接收、许可、中断、结束、终结等工作按每份工作票出现的名字次数赋分，每出现 1 次得 0.5 分。

10. 配合机组检修试验等工作绩点项目以检修试验项目总分值为参考进行赋分；每个检修试验项目操作赋 2 分，监护赋 3 分。

11. 发电部根据实际完成的检修项目统计汇总出每位运行人员个人总绩点分值。

10.4.3 验收绩点方法

1. 验收项目含技术质量验收和安全验收。技术质量验收依据实际检修项目确定，严格按三级质量验收标准进行验收。一级验收绩点赋 2 分，二级验收绩点赋 3 分，三级验收绩点赋 4 分。安全验收由综合部根据具体项目明确绩点分值。

2. 厂部及各部门负责人配合机组启动调试等工作应另外计算绩点分值，绩点项目由综合部提出，厂部根据实际工作情况讨论确定绩点分值。

3. 百色现场紧急物资采购和零部件及工具加工等其他检修绩点事项及分值由综合部提出,厂部根据实际工作情况讨论确定绩点分值。

4. 要求各部门对照绩点项目明细表严格按员工实际完成检修工作项目情况进行统计,不得出现重复绩点。

10.5 考核

1. 各部门要对本部门已完成的绩点项目客观、严格地进行统计,并合理提出加分点和扣分点项目。

2. 检修绩点工作与年度检修奖金挂钩,根据员工绩点分值确定个人奖励金额。

3. 加分点

(1) 在检修工作过程中发现违章行为,能及时制止,对发现人员是否加分和加分分值等由厂部组织讨论决定。

(2) 在检修工作过程中发现一类、二类缺陷,经厂部认定后对发现人予以加分,加分分值等由厂部组织讨论决定。

(3) 在检修工作过程中完成重大设备技改项目,或消除设备重大安全隐患项目,经厂部认定后对相关人员予以加分,加分分值等由厂部组织讨论决定。

(4) 由各部门提出的其他加分项目,须经厂部认定后对相关人员予以加分,加分分值等由厂部组织讨论决定。

4. 减分点

(1) 在检修工作过程中发生严重的违章行为,除按公司及电厂的相关规定进行处罚外,扣罚违章人50分;发生一般的违章行为,扣罚违章人30分。

(2) 检修计划中无故未完成项目,该项目工作负责人不得分,并按照该项目总绩点分扣罚该项目负责人。

(3) 检修项目验收不合格或未达到质量验收要求,每项按检修工作绩点明细表中分值的一半对该工作项目负责人进行扣罚。

(4) 某项检修项目虽已完成但无故超期,且影响到机组检修工期,每项按该项目总绩点分两倍扣罚该项目负责人。

(5) 在机组检修或调试过程中,因个人失误等原因出现返工,对相关责任人予以扣罚,扣罚分值由厂部组织讨论决定。

(6) 机组检修总工期因个人失误等原因出现超期,对相关责任人予以扣罚,扣罚分值由厂部组织讨论决定。

（7）检修项目因物资采购人员个人原因导致备品、物资不能正常供应,影响工作开展或检修工期,对相关责任人予以扣罚,扣罚分值由厂部组织讨论决定。

（8）以上所有减分项目扣分至本台机组个人所得的检修绩点分扣完为止。

10.6 各部门职责

10.6.1 厂部职责

1. 负责组织编制检修绩点管理及考核规定,明确具体的绩点管理办法,监督全过程公平、公正、科学、合理实施。

2. 组织对各部门所有绩点项目进行讨论与审核,以确定绩点项目最终的赋分标准和办法。

3. 组织对各部门在绩点统计中提出的加分点和扣分点项目进行审核,以最终确定加分和扣分点项目和分值。

4. 在每年年度机组检修前,征集各部门往年绩点工作执行情况的意见和建议,对检修绩点管理及考核办法进一步修订完善。

10.6.2 检修部职责

1. 负责编制检修部检修项目绩点明细表。

2. 负责对检修部已完成的绩点项目进行客观、严格的统计、审核,并合理性地提出加分点和扣分点项目,做好记录,并上报厂部。

3. 在每年年度机组检修前,根据往年绩点工作执行情况对检修部绩点项目表进行修订完善,并报厂部审批。

4. 协助厂部开展检修绩点管理及考核工作。

10.6.3 发电部职责

1. 负责制定发电部工作绩点项目明细表并按规定严格实施发电部工作绩点及考核工作。

2. 根据部门已完成的绩点项目进行客观、严格的统计和审核,做到客观公正赋分,并按规定合理提出加分点和扣分点项目,做好记录,并上报厂部。

3. 负责在年度机组检修前,根据部门往年绩点工作执行情况对本部门绩点项目表提出修订和完善意见或建议,上报厂部。

10.6.4 综合部职责

1. 负责编制质量监督、安全监察、检修物资采购及加工等检修相关工作的绩点明细表。

2. 负责对综合部组织、安排或主导的工作项目绩点进行客观严谨的统计、审核。

3. 负责对综合部组织、安排或主导的工作项目的完成情况进行考核,根据考核情况合理地提出加分点和扣分点项目,做好记录,并上报厂部。

4. 在每年年度机组检修前,根据往年绩点工作执行情况对综合部绩点项目表进行修订完善,并报厂部审批。